民族文字出版专项资金资助项目
ꃅꊋꁱꂷꋚꁱꁖꁱꀋꁱꑱꆈ

ꊪꃅꃰꒉꌠꆈꏦꎴꉜꁭ

ꌺꆀꑴꃅ

ꐮꃰ◎ꆀꏦꎴ

ꆈꊈ◎ꀕꁱꌠ ꄡꆈꈷ◎ꌺꀸ

ꊪꆪꏃꆈꃰꁱꁖ

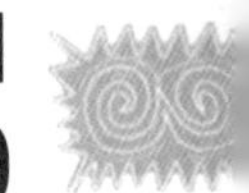

东义父石（上），山崎资料摩些经里有牛仔族等神山所在，日石父石。
乙、村东南、石父石及七村里。

ꃅꊪꆏꃅꊪꉬꇐ，ꋋ
ꃅꐛꊂꋊꀐꑴꆅꌠꆏꋋ
ꄮꎭꑞꇬꌤꑟꏂꂵꆿꆀ。
ꆏꂿꃀꉬꇐ20ꆈꄮꅉꈹꉆꆫ
ꂱꑌꃅꇬꁍꄉꑠꆅꌠꆈ
ꅇꈪꅉꅺꀕꆤ。

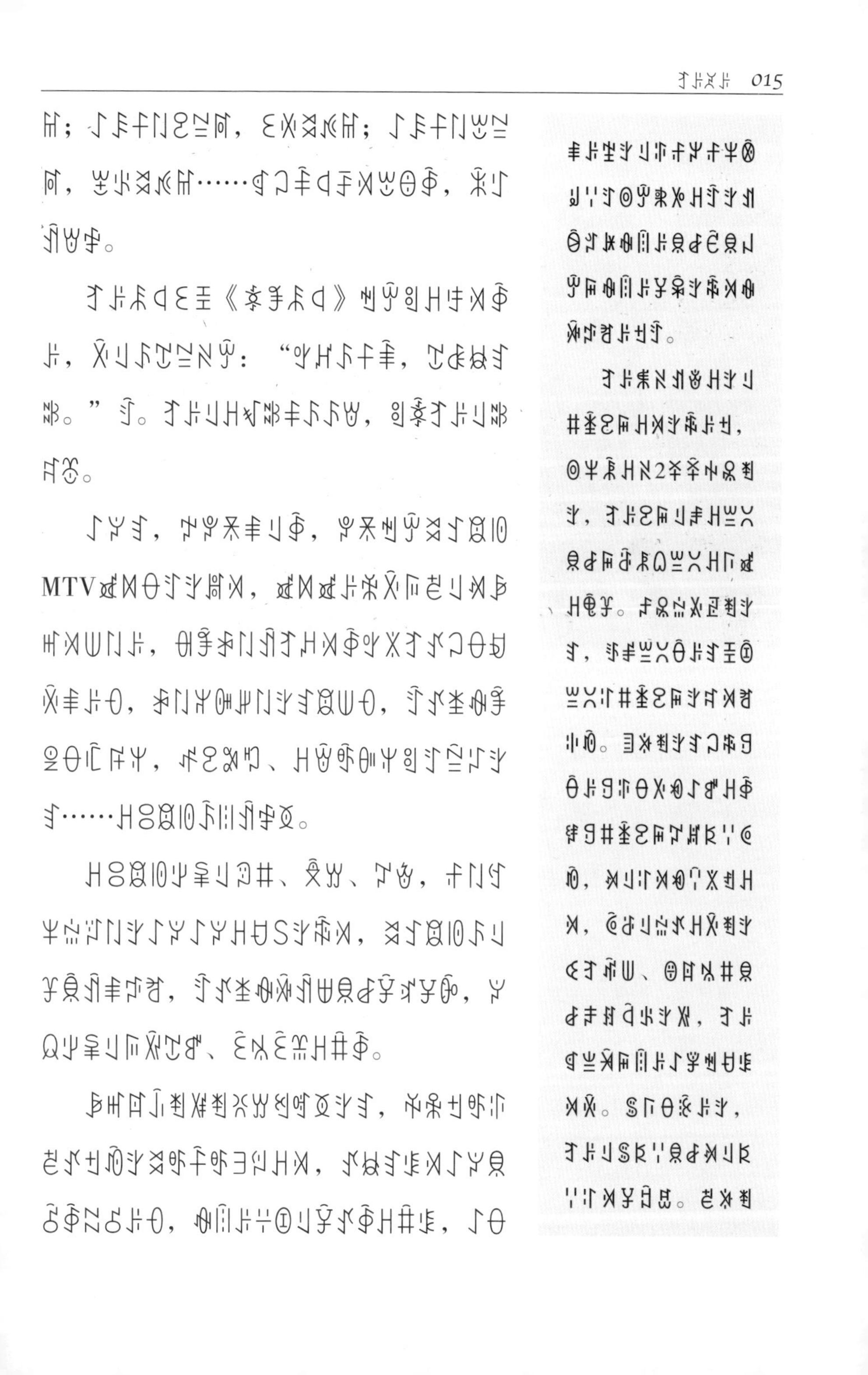

MTV

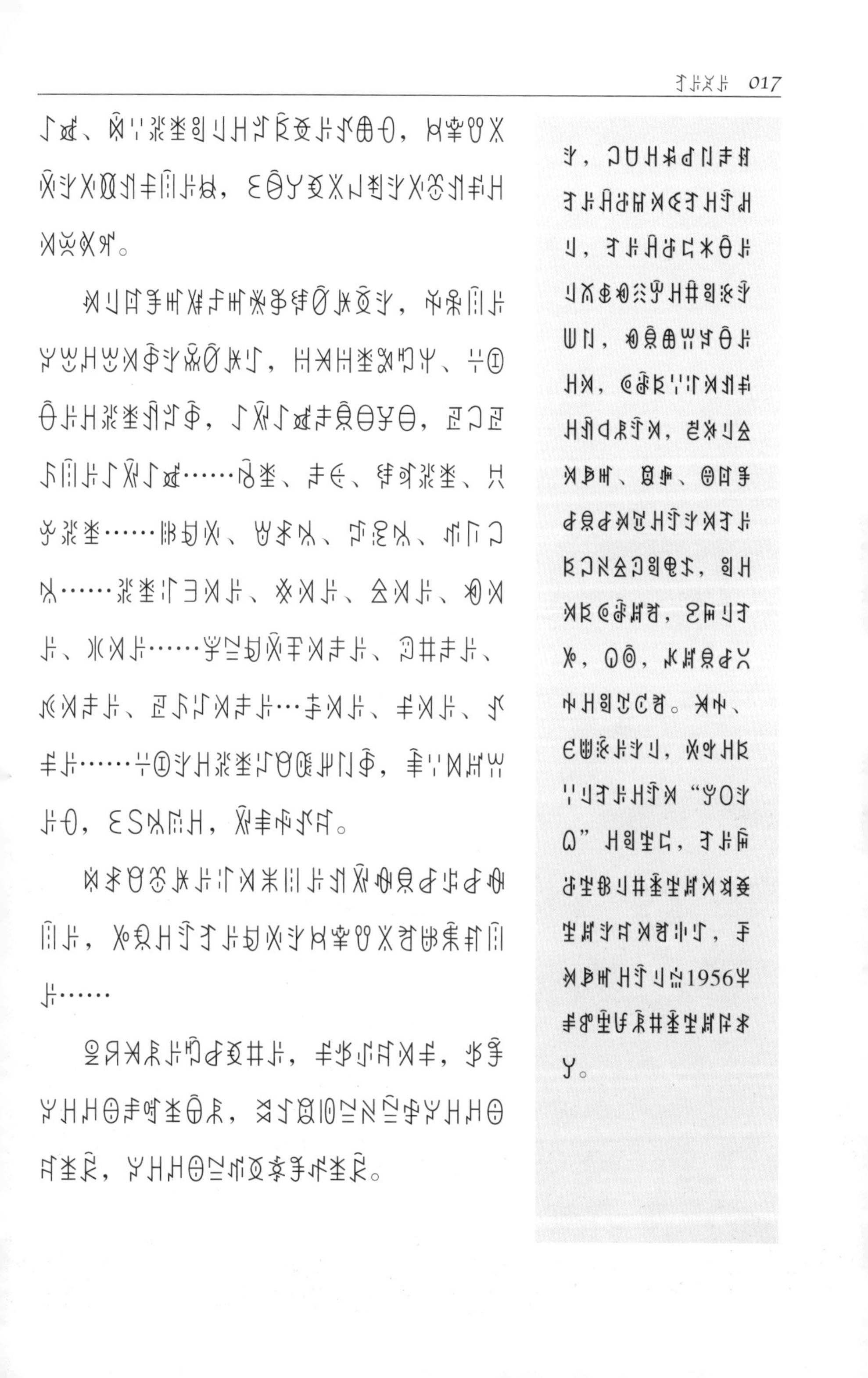

1956

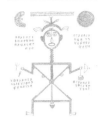

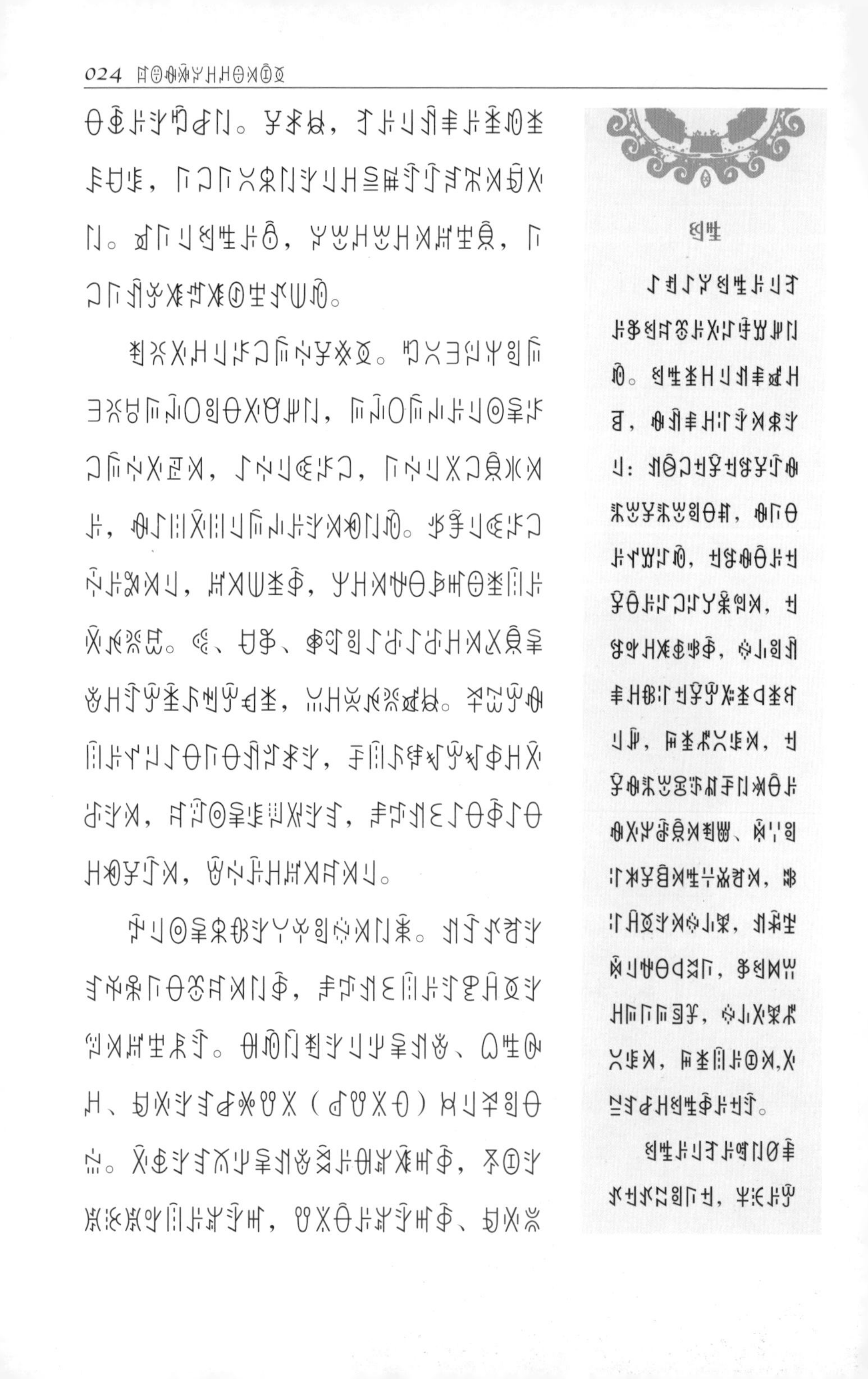

ꑠꇬꇬꌐꑞꌠꌋꆀꑴꆈꌠꑣꄆꐺꁧꒉꒊꌠ�ꆈ。

ꑟꅩꃀꑭꉠꋌꄯꄷ。

ꑞꑠꑴꆈꉻꉻꀕꄷꑣꄆꐺꁧꒉꒊꌠꑠꆈꌠ（ꈐꑟꄚꅷ）ꉻꉻꀕꑴꆈ。

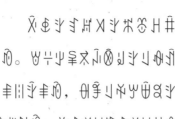

80-150

400-500

2000-5000

10-15

ꑌꉪꏢꑳ，ꑍꂿꆪꑟꉻꌠꑝꄜꉆꄮꆇꄔ，ꉘꈜꊪꈬꁱꑌꊪꋐꌠꃀꄡꐨ，ꀿ，ꄔꆈꆀꆈꐨꈌꃅ，ꅪꄔꁧꆈꎆꆀꈬꊈꋅꀋꑌꄷꈌꆀꑌꄷꈚ。

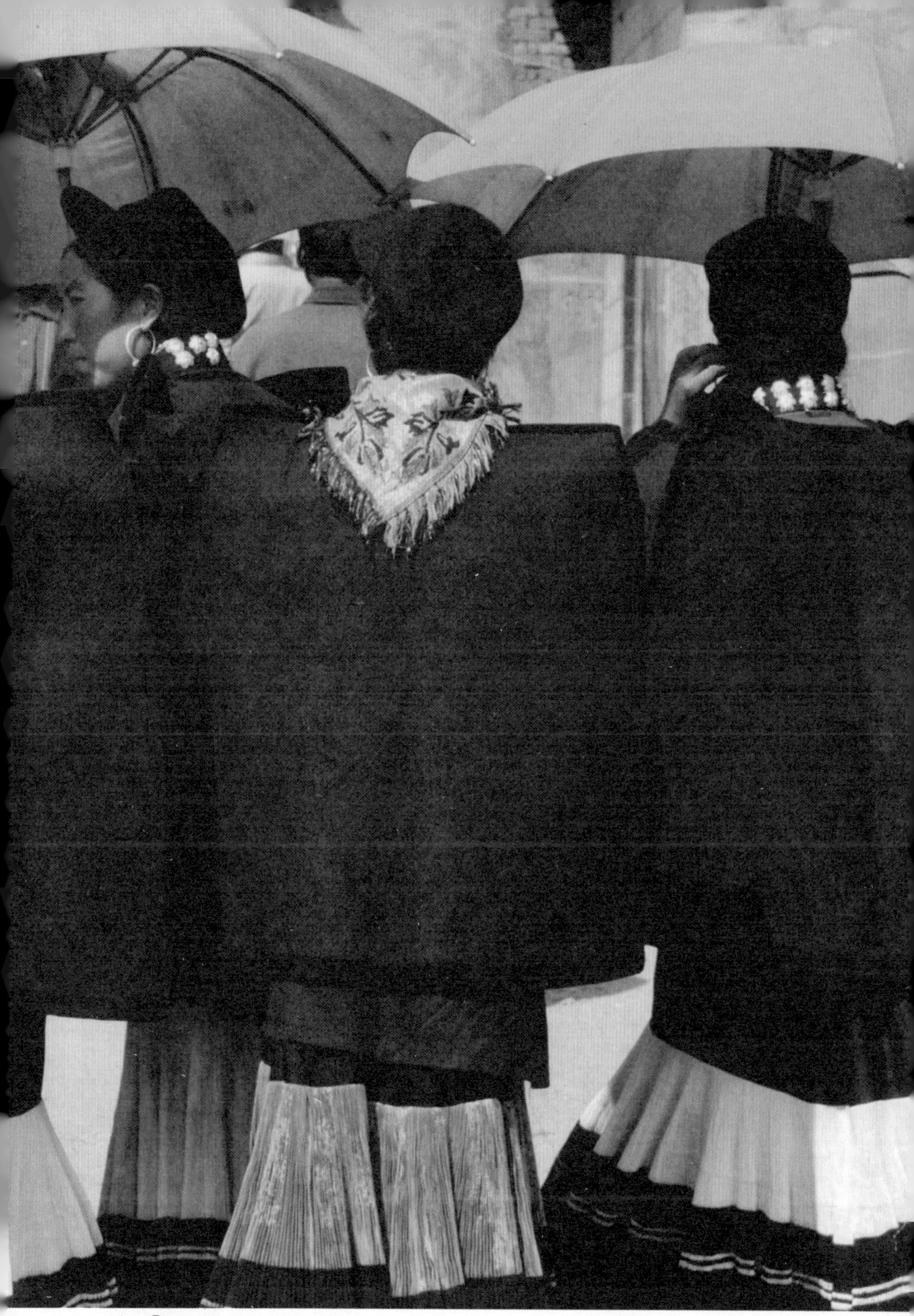

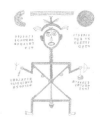

2010年5月18日，

ꉢꐯꅉꄿꑳꄮꇁꏦꃀꆹꑟ，ꍆꊿꉆꊰꏦꊂꊪꊂꊈꐙꁧꏯꆹꉬꆏꈌ
ꄿꅉꄿꑳꌬꄷꇁꏦꃀꆹꑠ、ꊆꄮ、ꁯꉢ、ꊂꊪꊂꊈꐎꉬꊂꆹ
ꀊꀀꏦꂶꏦꇁ，ꍆꊿꉬꆏꇁꊂꊪꊂꊈꉬꆏꇁꌠꀋꁧꅉꄿꑳꄮ。ꊂꊪ
ꊂꊈꀁꀉꋒꇁꇅꇐꊅꐚꄮꄸꁯ，ꅉꂾꐯꇁ10ꁀꌋꑵꉣꉢ，ꊂꊪꊂ
ꊈꀁꊂꆹꏦꇁꊉꇂꀒꏮꆸꃅꏭꏦꍃꆹ，ꇂꀒꏮꆸꆹꀀꉻꃀꆏꏮꆹꇬ
ꅍꄯꏮꍃꏀꊁꆏꅍ，ꄮꌠꇖꏦꐚꂷꀑꇖꌋ。

ꆏꀕꆏꑐꆈꌠ，ꀕꑍꌦꃅꈐ，ꈐꃅꂷꌠꄮ，ꉆꑘꊿꃅꈐꄫꃅꈑꈬ꒰ꆈꌠ。

以水煮开加盐，佐以辣椒、大蒜、萝卜等，味道鲜美，营养丰富。

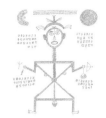

2004

ꋊꆈꌠꉙꁬꆪꁁ꣏ꀉꒉꌠꊫꆈꌠ，ꊵꃀꄜꈿꁨꏸꀨꌠꀉꒉꌠꀉꒉꌠ，ꎖꆈꌠꉙꂿ꣏ꃰꉜꁬꏸ。ꋊꆈꌠꉙꂿ꣏：ꀉꒉꌠ，ꁧ꣏ꂿꊨꆿ1.70ꃅꀋꆦ，ꂾꊨꆿꏸꀨꌠꁦꄜꃰꀉꒉꌠ，ꆈꌠꈌ꣏ꊇꃅ，ꀋꆈꌠꉜ꣏ꁬꆪꁈ，ꀉꒉꌠ，ꉚꏸꀨꌠ。

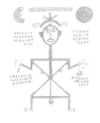

055

ꊾꈌꊿꇖꉄꅉꃅ，ꄷꇬꅺꈌꃅꊰꈬꆈ，ꃅꈐ
ꄷ，ꆈꌠꃅꇬꈌꃅꎭ，ꈌꃅꐨꇬꄿꃅꊿꉬ。

ᚷ᛬ᛥ᛬ᚠᚹᚱᛏᚢᚴᚦᛋᚢᚠᚷᚢ᛬ᚷᚱᛅᛋᚢᛏ᛬ᚠᚢᚱᚢᚦᛏᚱᚢᛏᚷᚾᚢᛏᚦᚢ᛬᛫᛬ᚢᚷᚾᛁᚢᚾᛏᛋᚴᚢᚱᚢᛋᚵᚢᛏ᛬ᚠᛥᛏᚱᚴᚦᚱᚦᚹᚢᛏᚱᛅᚷᛁᚢᚷᚦᚷᚢ᛫᛬ᚷᚦᛏᚱᚢᚴᚱᚴᚢᛏᛅᚦᛏᚷᚱᛅᚢᚴᛁᚷᚱᚢᛏᚷᛅ᛫
ᚷᚦᛏᛋᛏᚷᛏᛋᚹᚴᛁᚦᛏᚷᚢᚴᚢᛏ᛫᛬ᚷ᛬ᛥ᛬ᚦᚢᚵᛅᛏᚱᛅᚢᚦᛅᛏᛁᛏᚷᚹᚱᚵᚴ᛫᛬ᚦᚷᚢᛏᛅᚢᛏᚷᚢ᛬᛫

ꀕ ꀕꀕꀕꀕꀕ
ꀕꀕꀕꀕ，ꀕ
ꀕꀕꀕꀕꀕꀕꀕ
ꀕꀕꀕꀕꀕꀕ。

ꀕꀕꀕꀕꀕꀕꀕꀕꀕꀕꀕꀕꀕꀕꀕꀕ，ꀕꀕꀕꀕꀕꀕꀕꀕ。
ꀕꀕꀕꀕꀕꀕ，ꀕꀕꀕꀕꀕꀕꀕꀕꀕꀕꀕꀕꀕ。

⌐ ꆈꌠꉙꂷꌠꌠꉙꊪꆹꆆꊐꆿꐯꀕꆹ
ꃅꀻꑭꂷꅉ，ꊉꆈꀻꉙꈜꎭ，ꂷ＃
ꃅꑭꀻꈓꁯꉙ，ꉙꑭꀻꑭꂷꒉ，ꑭꃅꀻꊩ、ꆥ
ꆉꄛꄷ，10ꉙꀻꈜꀘꐯꊩꒉꌠ，ꃅꈜꄮꑭꑴꉙ
ꆿꌠꐯꄯꄷ。

让我感到义愤及无奈水生灵。

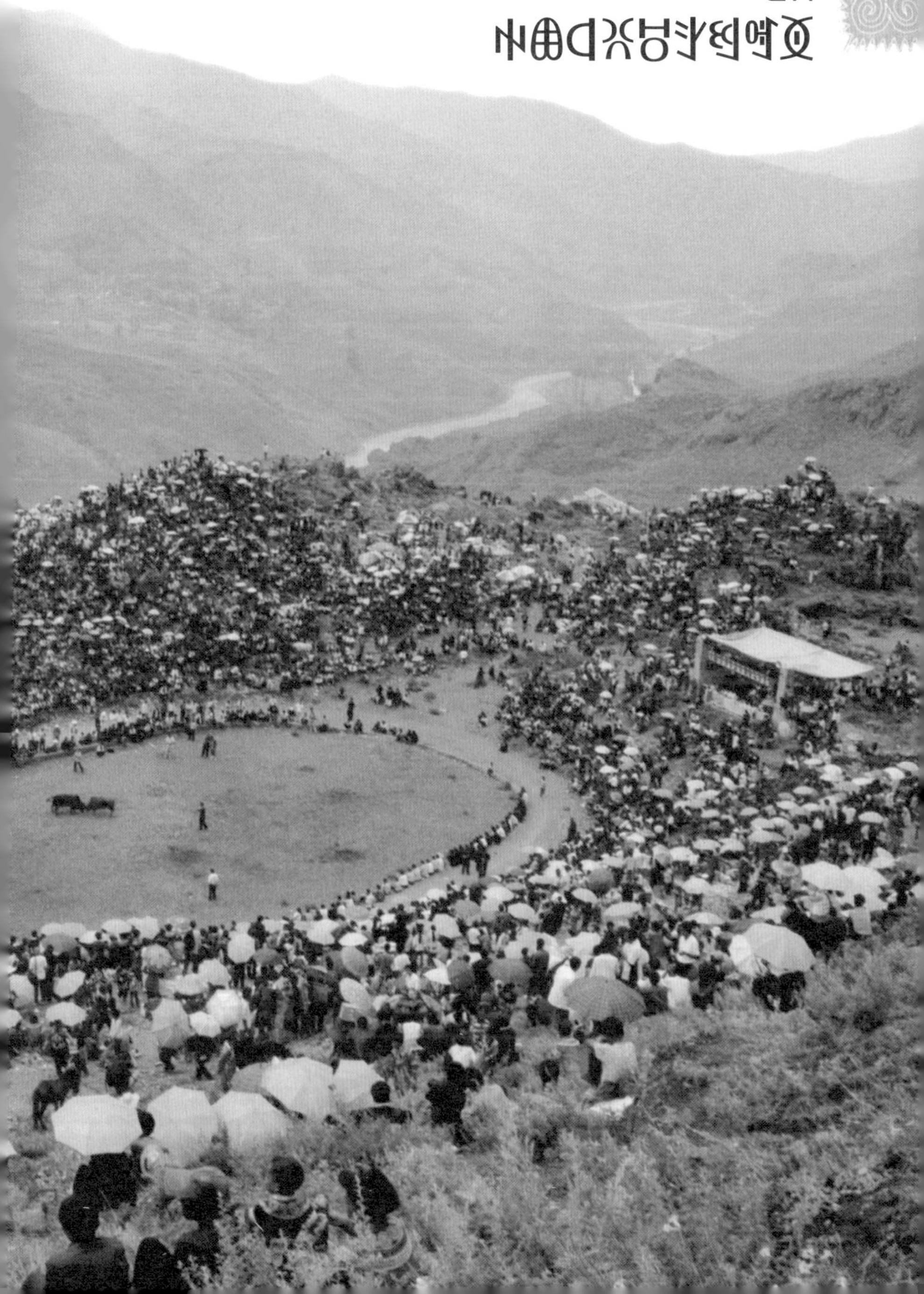

手把儿《么单儿上，记用么也么义义义义义记义义么勿记。手记义《勾书手
儿》书手以么也义么手书。

ꀤꎿꆈꌠꌷꉆꀒꊫꇇꌐꑖꌠ、ꋚꌊꆽꇎꂾꆈꌷꂾꀐꅞ，
ꉆꇬꏸꁘꆽꉄꑵꁨ，ꇆꑵꉆꏸꇆꂱꃀꊰꂱꅞꅞ。

ꑵꆈꑠꊈꇬꁌꐰꂾꌠ，ꆇꇎꂱꃅꊈꇇꋖꋧꁨꑳꆠꌠꐰꄻꋚꌊꃅꀕꆏ
ꈚꑌꄷꇁꒉꊿ，ꇆꑵꆽꁱꃅꎸꇓꂵꀕ—ꈀꒉꈚꌌꃅꌠꂯꄮꃅꀕꌠꆨ。

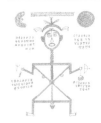

600

Adidas

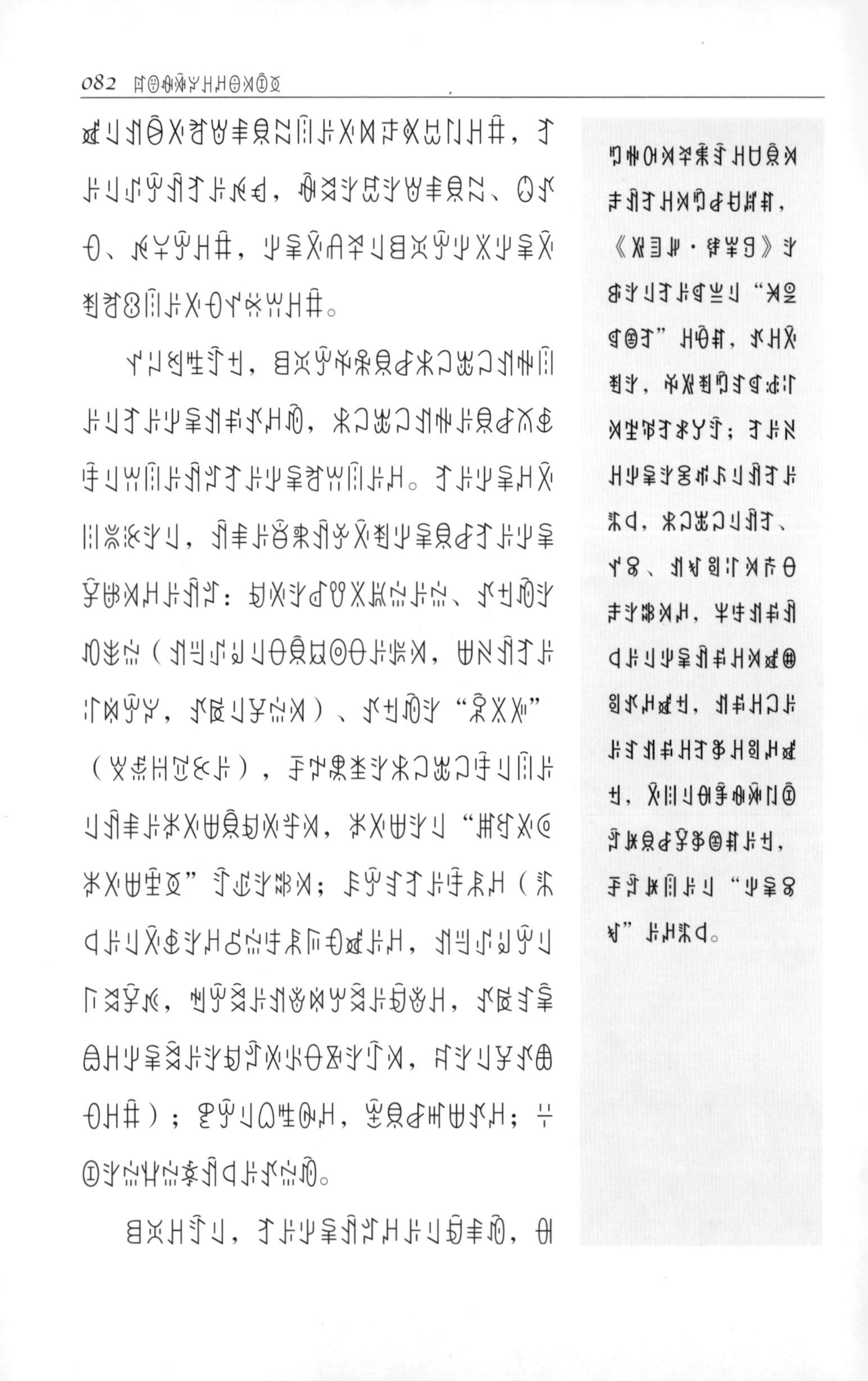

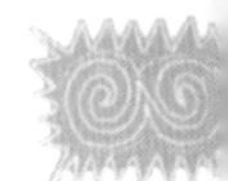

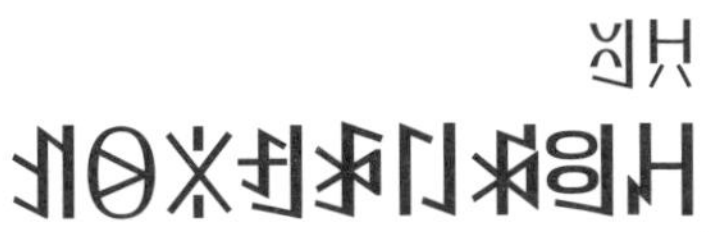

150cm × 30cm

4-5

（150cm × 120cm 150cm × 150cm ）

（1796 -1820 ）

ꡂ ꡒ, ꡀꡤꡟꡟꡧꡅꡃꡝꡟꡧꡑ, ꡃꡩꡒꡅꡙꡒ, ꡀ
ꡤꡟꡗꡙꡤꡬꡑꡩꡦꡃꡉꡨꡅ, ꡧꡩꡦꡋꡙꡅꡜ。

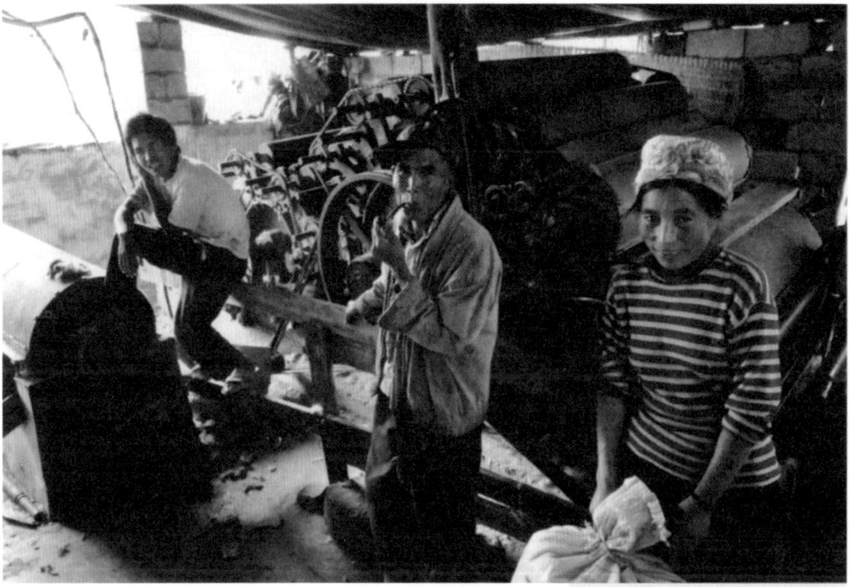

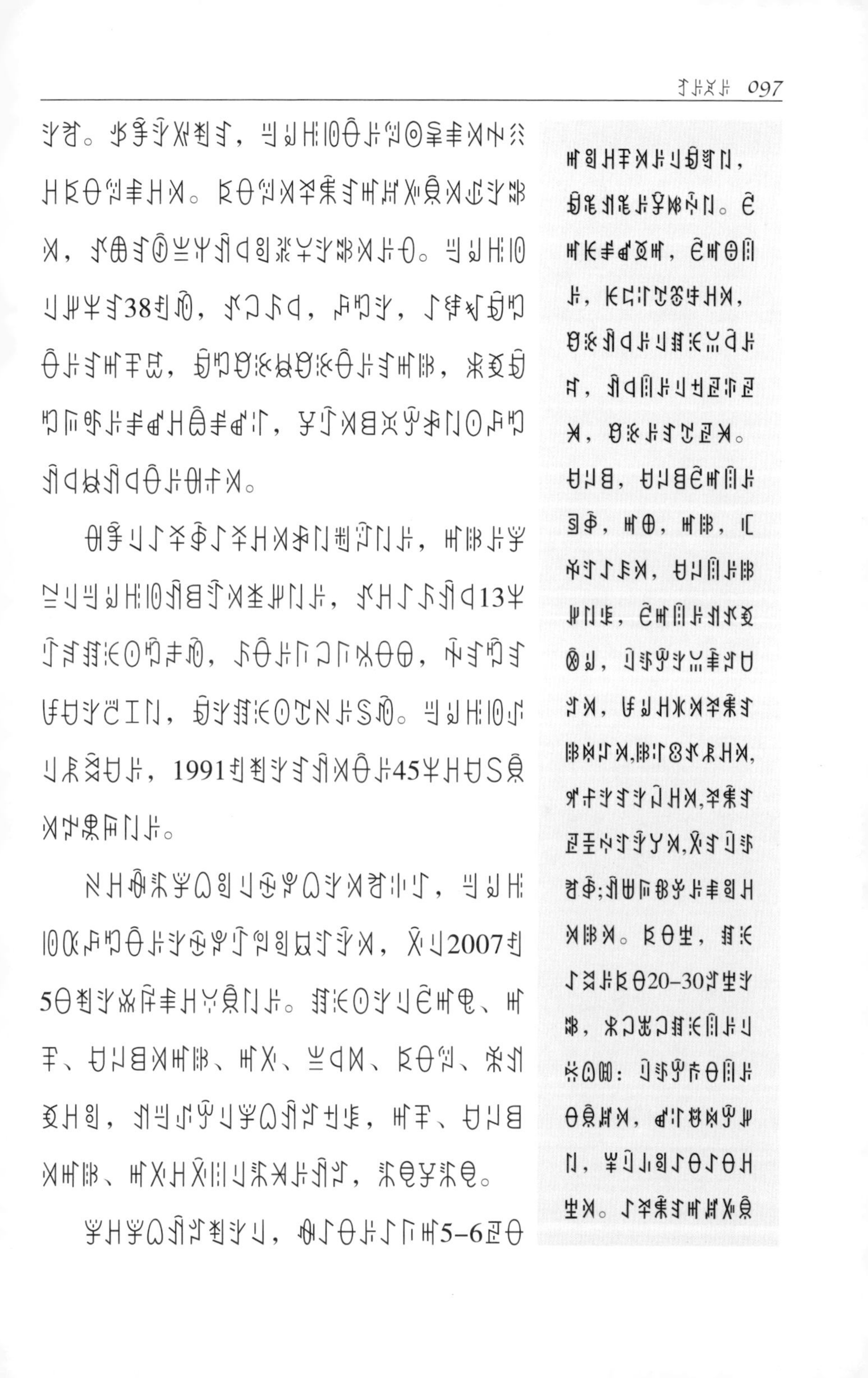

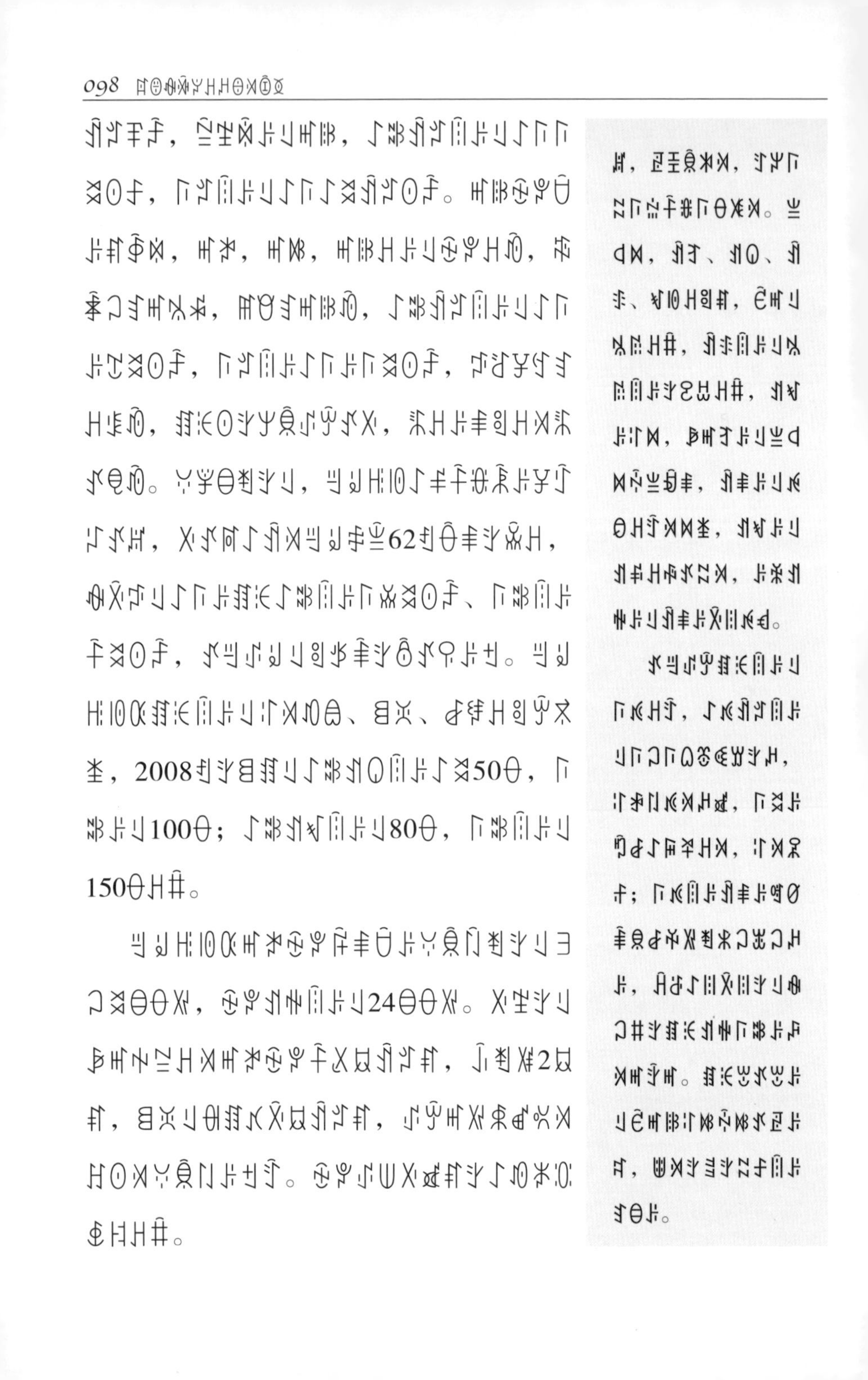

20–30

15、

400

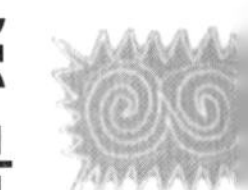

古老的民族服饰纹样，在一代代绣娘手中传承，成为穿在身上的文化记忆。

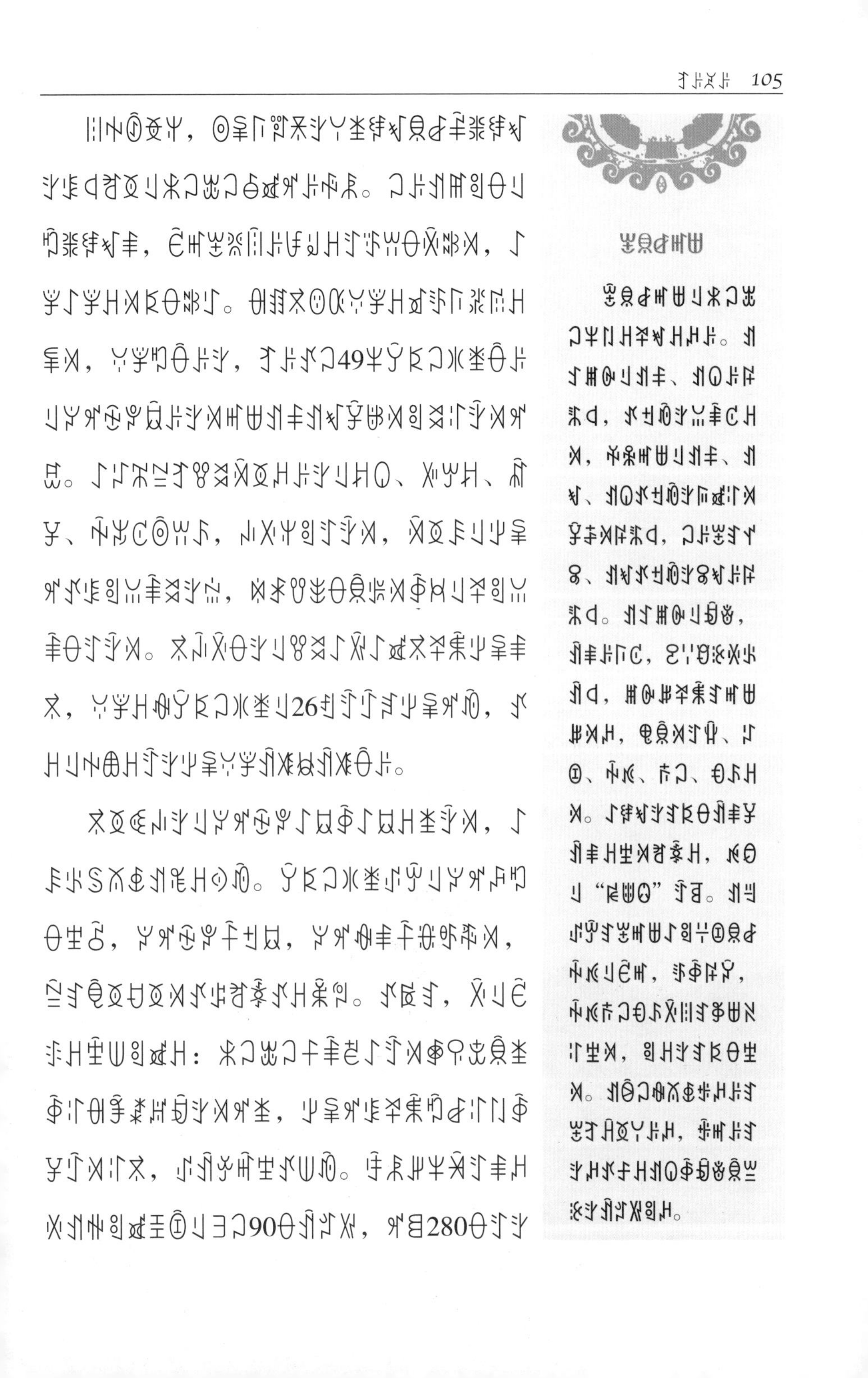

400

1937年

15

15

1996

1997年—2007年

400年

180年

"，"。

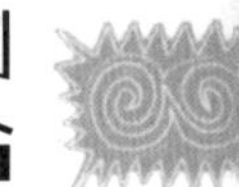

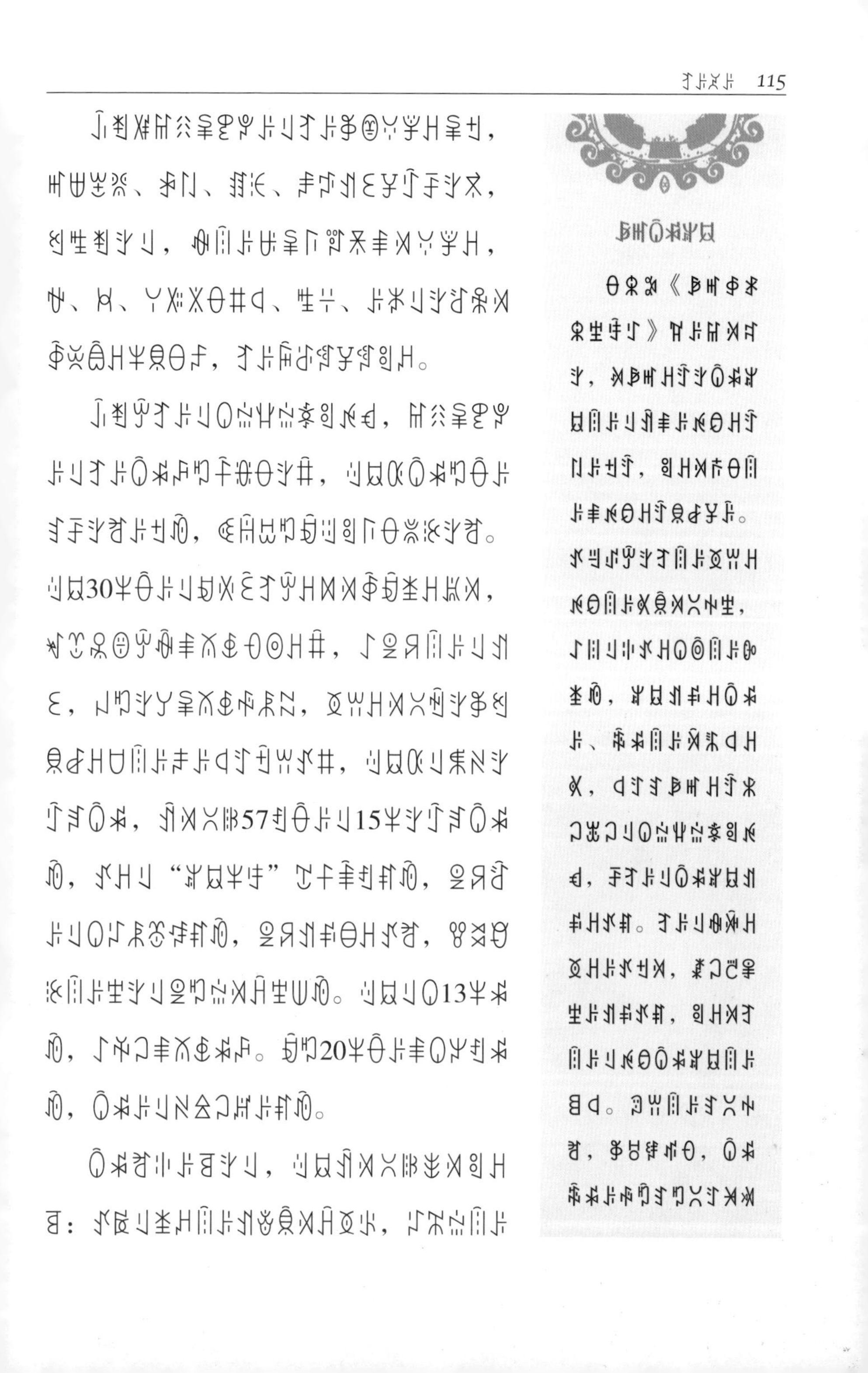

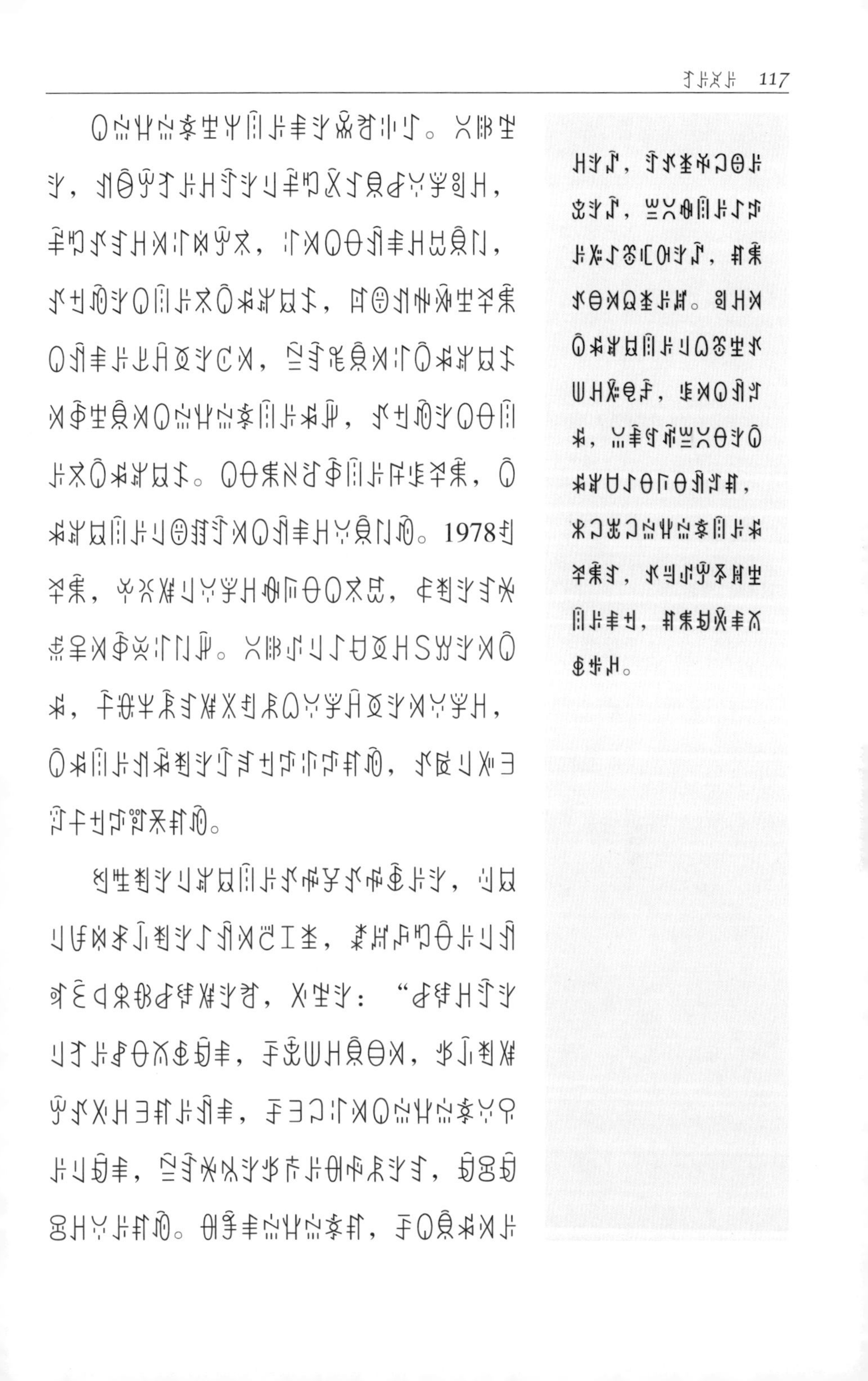

1978年

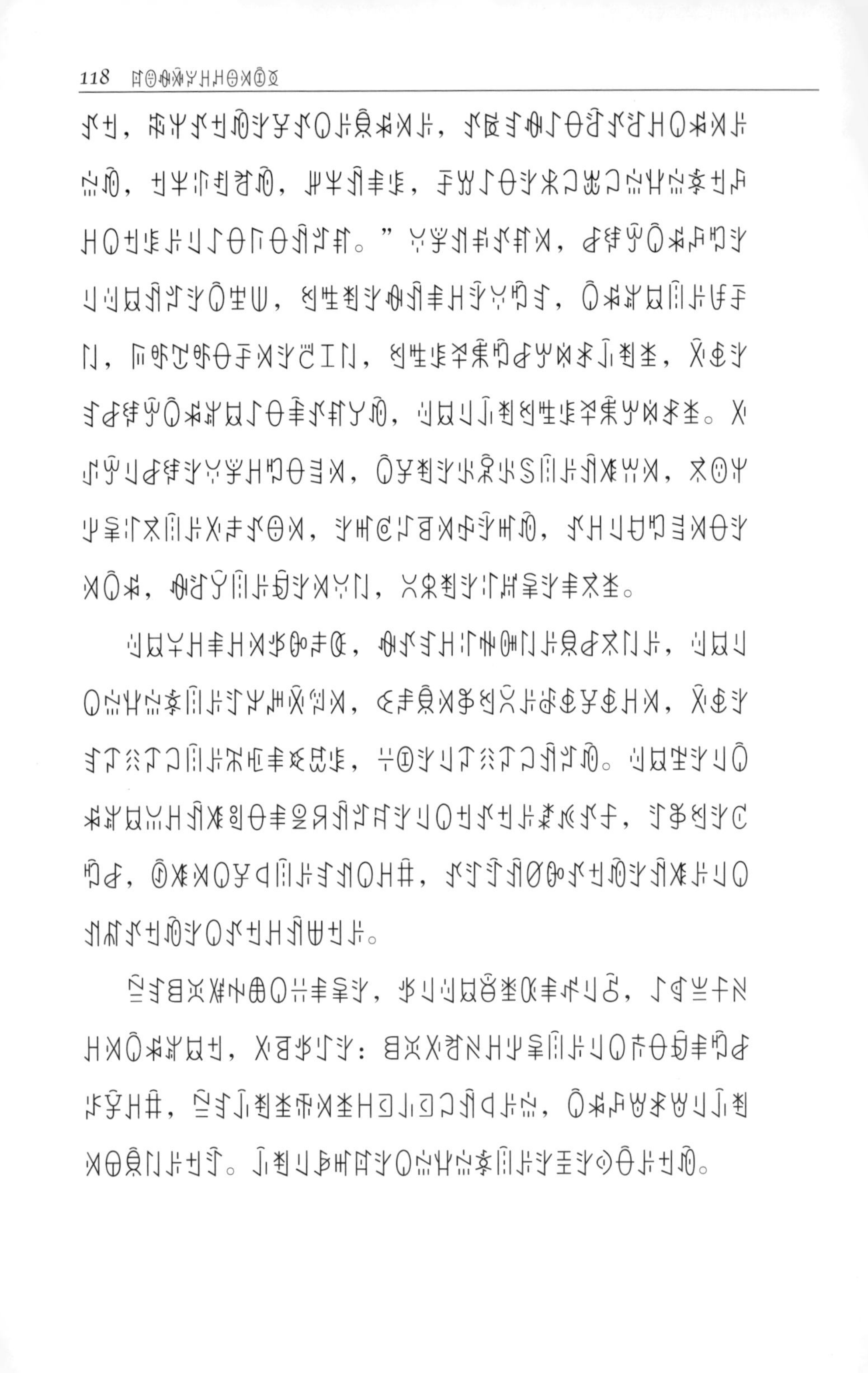

制作蛋壳画需经多道工序，熟练的匠人一天能做几十个。

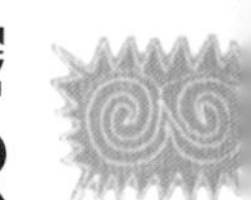

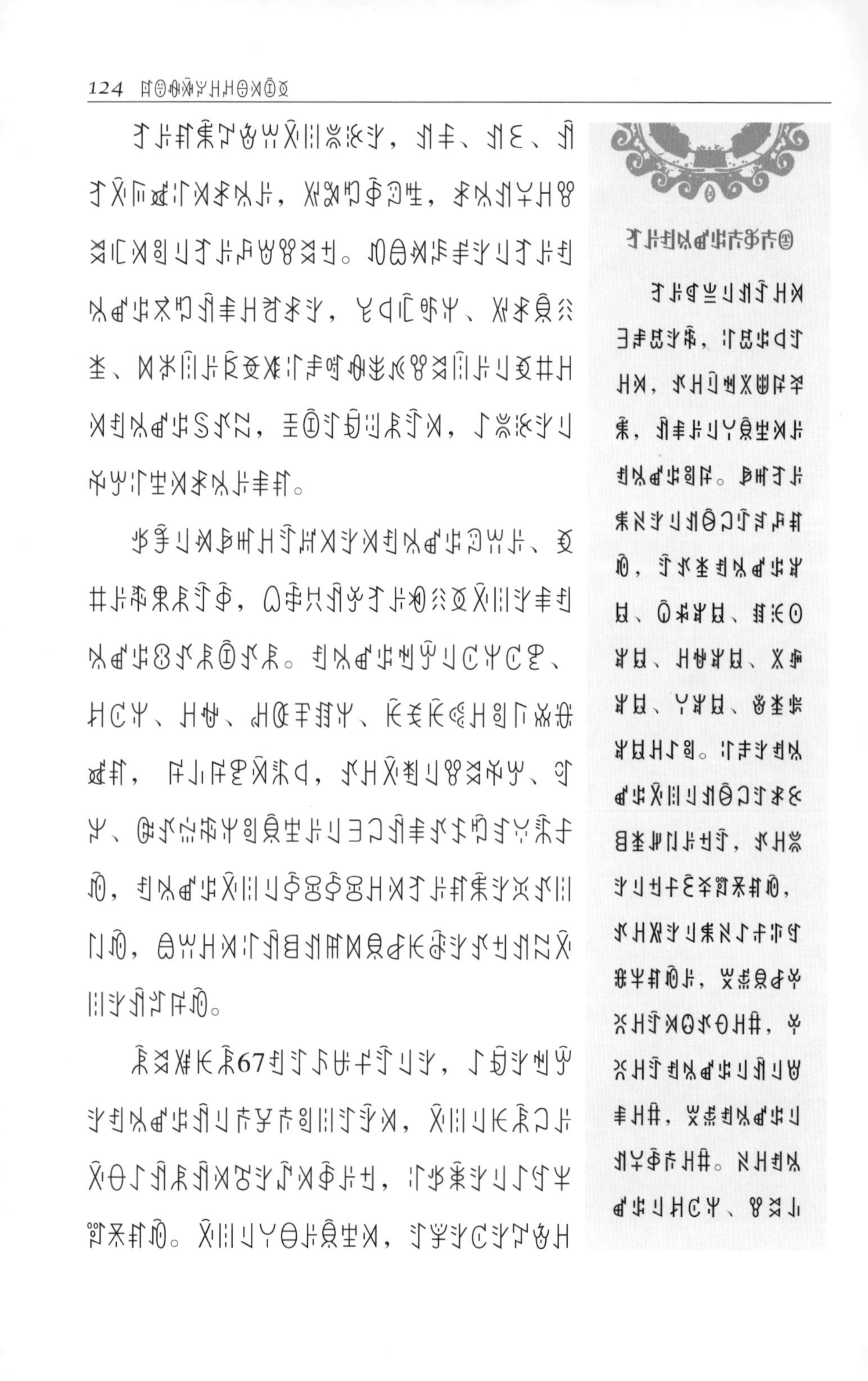

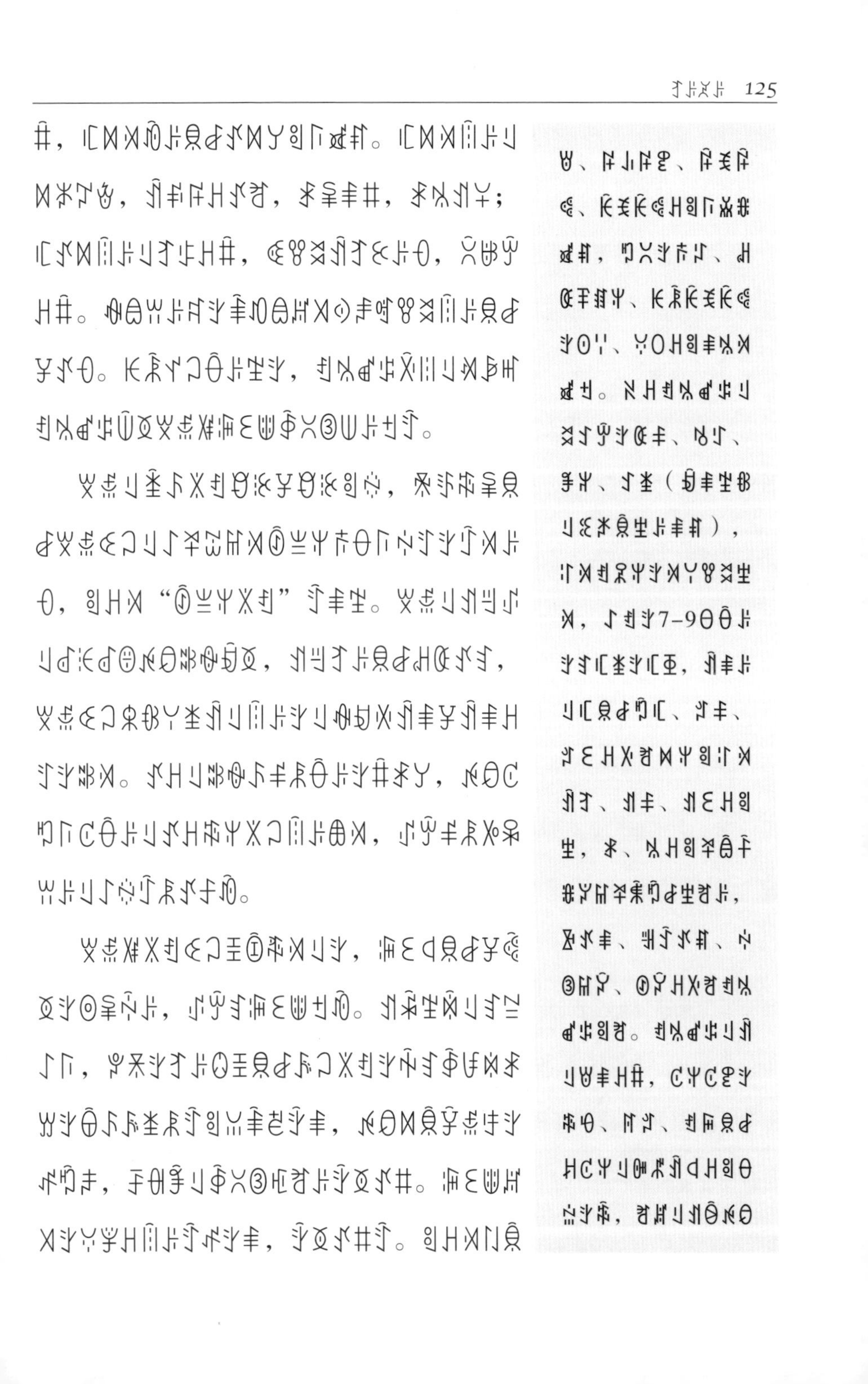

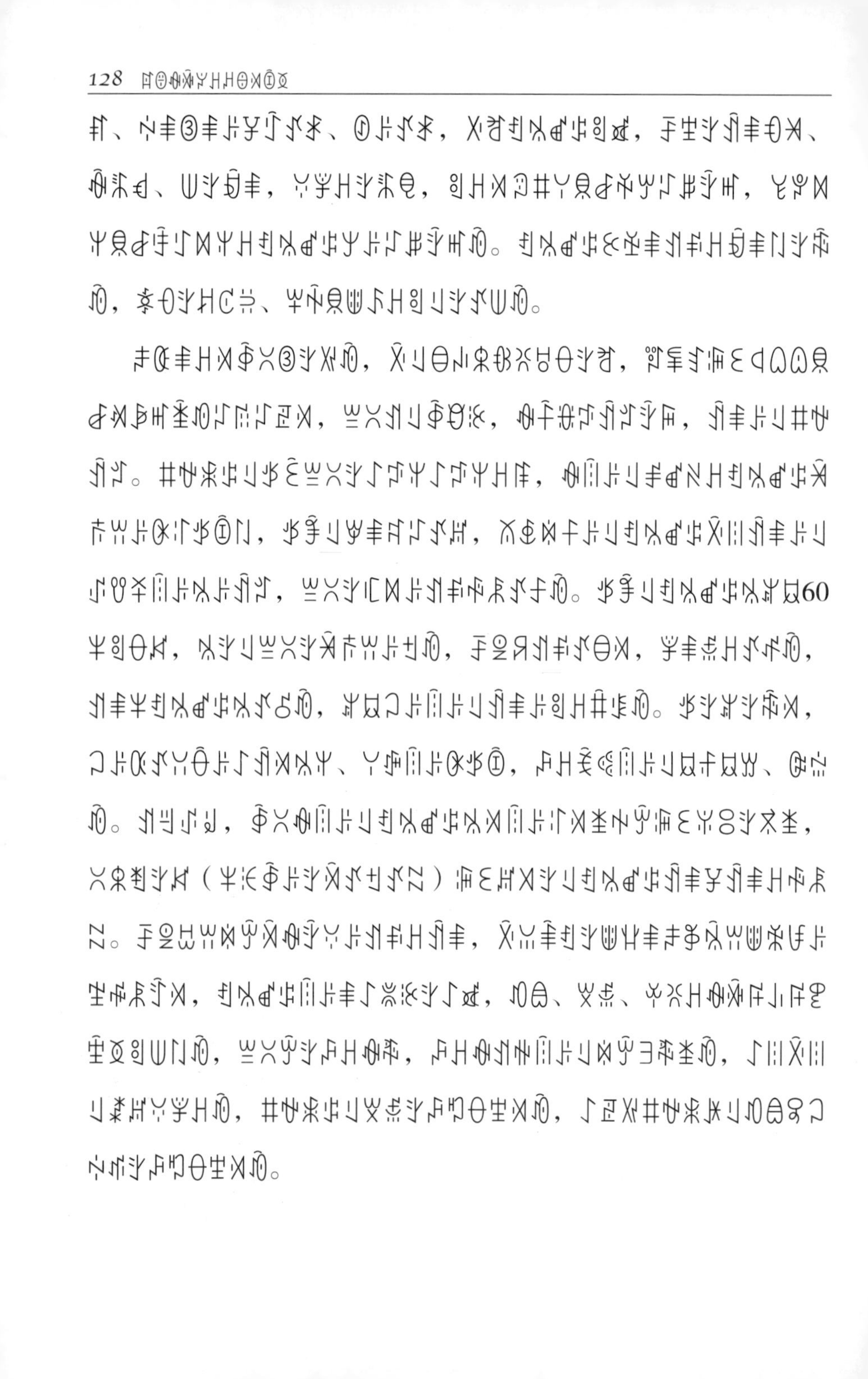

ꆈꌠꆀꅪꉙꊋꈎꐯꉙꏜ：ꀉꂷ、ꅪꆈ、ꐯ、ꄻꀉꑭ，ꁱꂷꉙꏜꇐꃀꈭ，ꀮ
ꀉꁌꋒꀨꄻꐰꃅꆪꅪꆈꇐꑭ，ꏜꐊꁱꂷ，ꀮꁌꑍꈀ、ꁱꂷꌠꃀꀄꑭ。

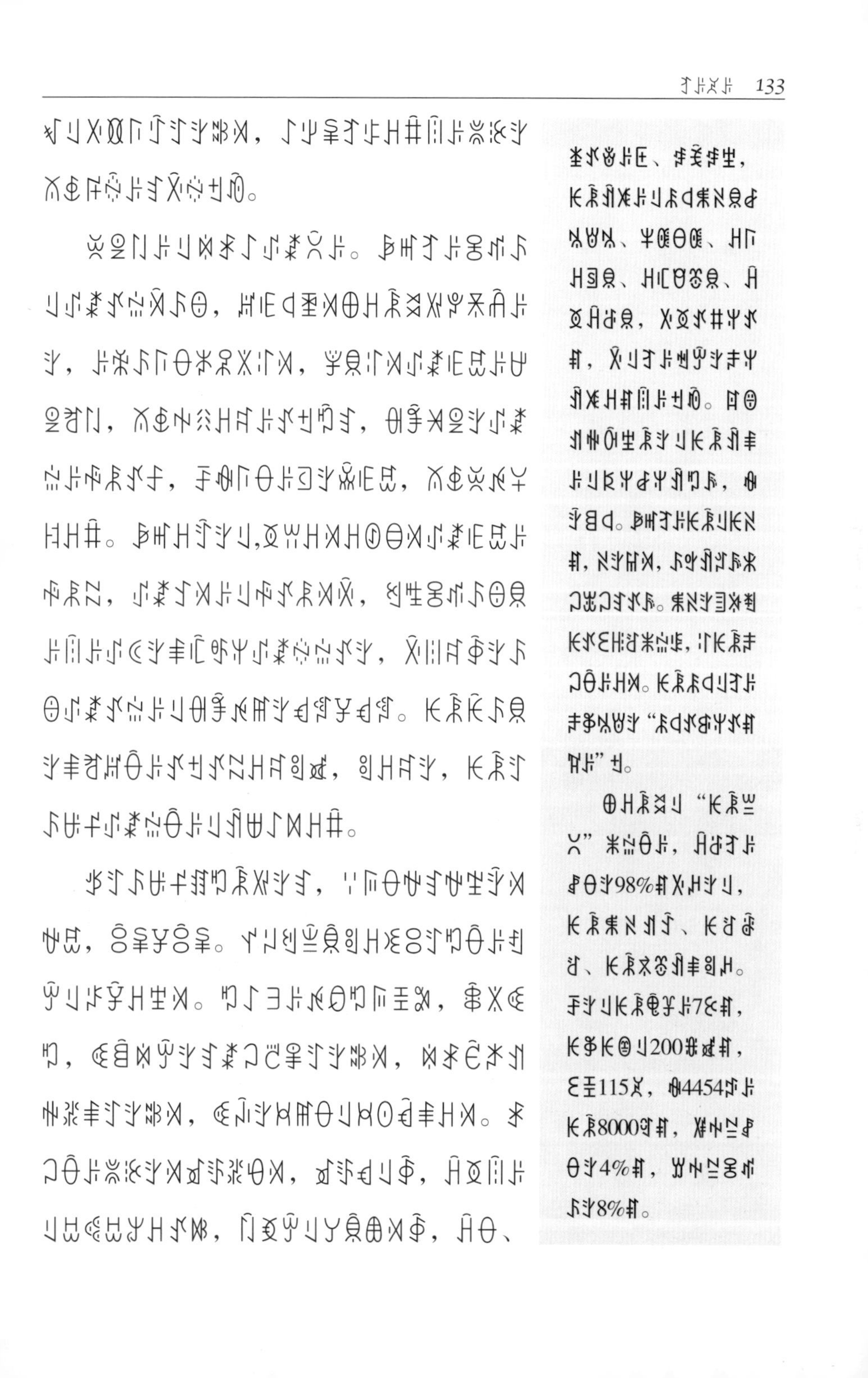

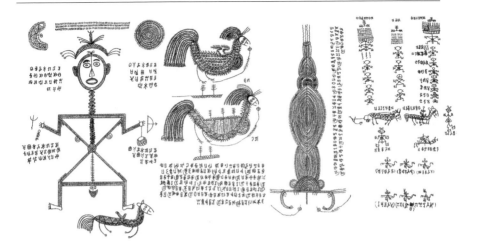

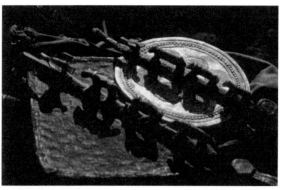

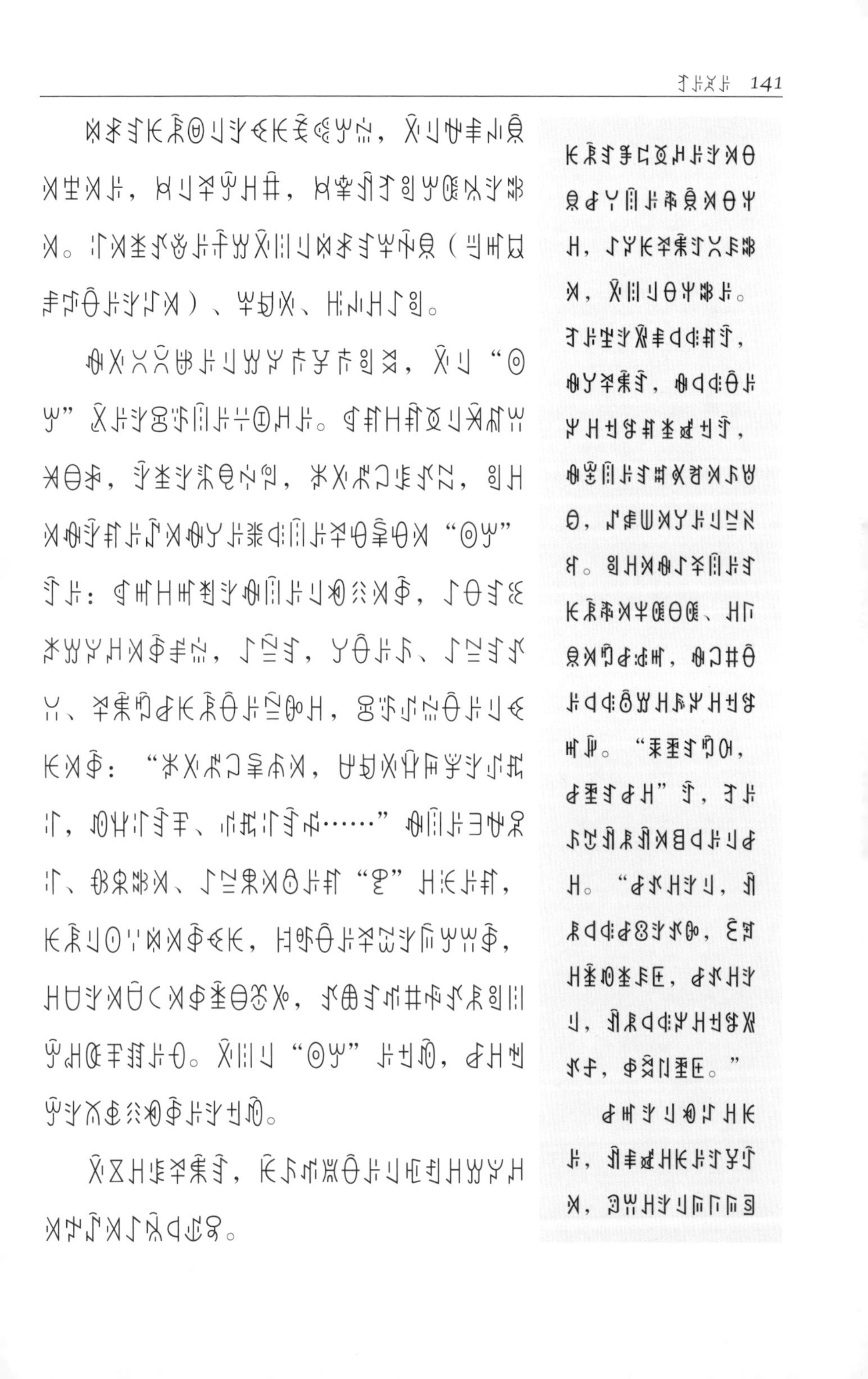

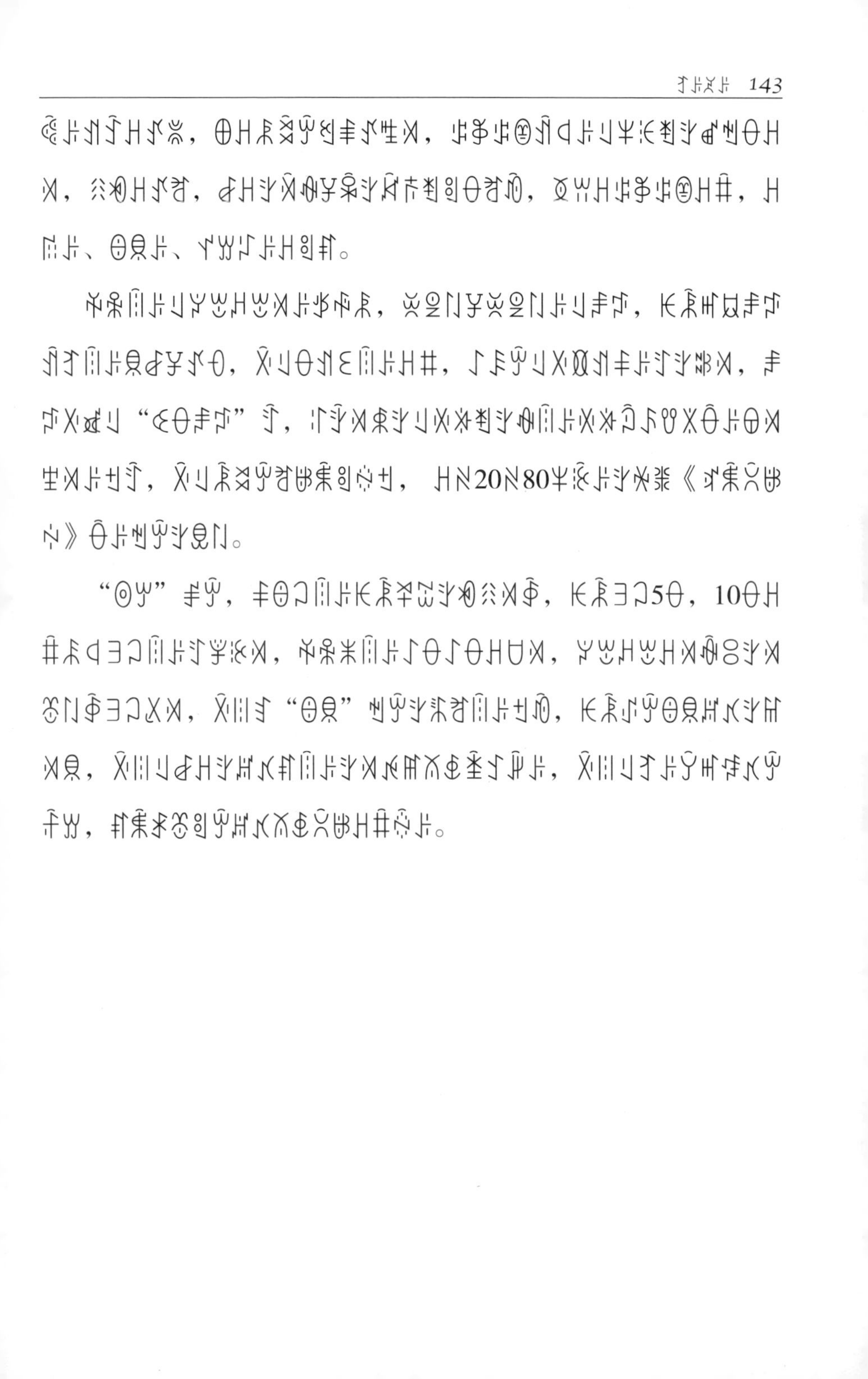

ꀘꀋꐰꄜꈜꄜꀕꐞꇬꁧꇬ "ꑳꃚ" ꆈꄉ。ꌠꅇꄉꈜꄉꀕꊪꆏꁧꇬꅉꄝꆈꄉꌕꤊꆈ，ꄉꌺꃆꊪ，ꇪꅪꌸꅉꃋꇬꃅꄹꏤꄜꌠ。"ꑳꃚ" ꌠꆏ，ꀕꀕꐥꄏꊿꌊꇬꃆꆈꄉꤊꆈꑲꄉꑆꇬꃅꄉꌠꆏ，ꃺꇬꄉꈀꏂꐯꈜꐯꊿꋌꇯꃅꃀꀕꌷꌠꃲꌠꑳꑍꐝꌌꄉ

ᚼᚤᚢᛏ‡ᚼᛁᛚᚤᛈᛟᛃᚤ，ᛃᛃᛁᚼᛃ‡ᚼᛁᛚᚤᛃᚱᛏᚤᚼᛁ。ᚼᛁᚤᛈᛟᛃᛁᛁᛚᛁᛈᛁᚢᚤᛈᛁᚱᚤᚤᛚᛁᛏᛁᛁᛈᚤᛚᛁᛈᛁᛃᛁᛚᛁᚤᛚᛁᛁᛏᛏᛁᚤᛈᛁᛁᛚᛁᛚᚤ、ᛃᚢᛁ、ᛏᛁᛁᛚᚤᛃᚤᛈᛁᚱᛁᛚᛁᚱᛟ，ᛁᛈᛁᛚᚤᛈᛃᚤᛏ、ᛈᛃᛁᛁᚤᛚᛁᚢᛚᛏᛈᛁᛃᛏᚤᛏᚤᛃᛏᚤ、ᛁᛈᛃᛁᛟᛃᛈᚤᛁᛈᛃᛈᚼᛏᛁᛚᛁᚢᛈᛃᚤᛏᛁᛈᛈᛁᛏᛈ……ᛁᛚᚤᚤᛈᚤᛈᛁᛏᛈᛃᛏᛟᚤᚼᚤᛈᛁᛈᛁ。

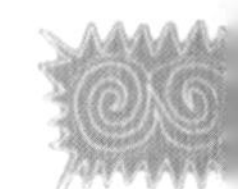

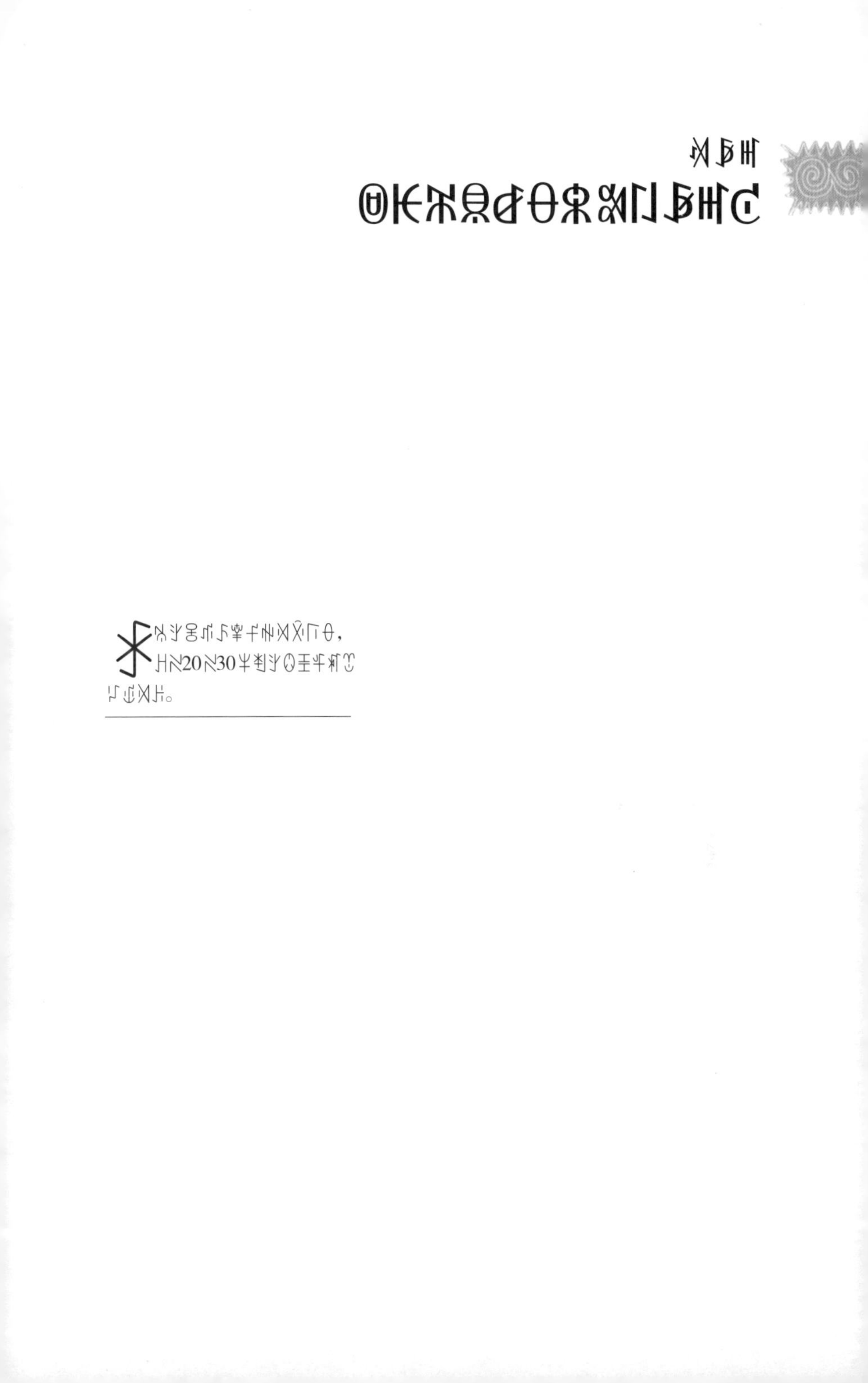

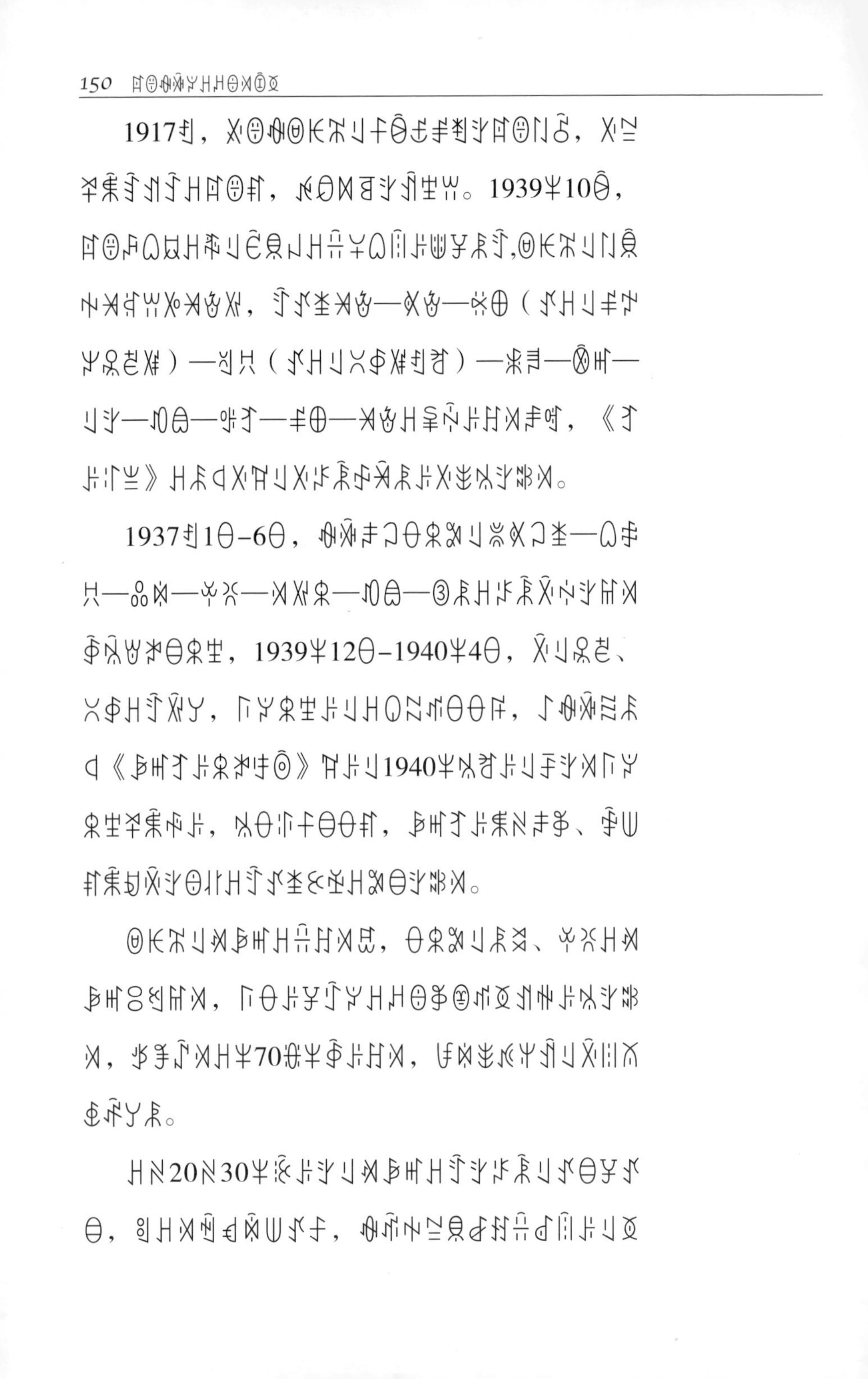

1917年，……，……。1939年10月，……，……（……）——……（……）——……——……——……——……——……——……，《……》……。

1937年1月-6月，……——……——……——……——……——…………，1939年12月-1940年4月，……、……，……，……《……》……1940年……，……，……、…………。

……，……、…………，……，……70……，……。

……20……30年……，……，……

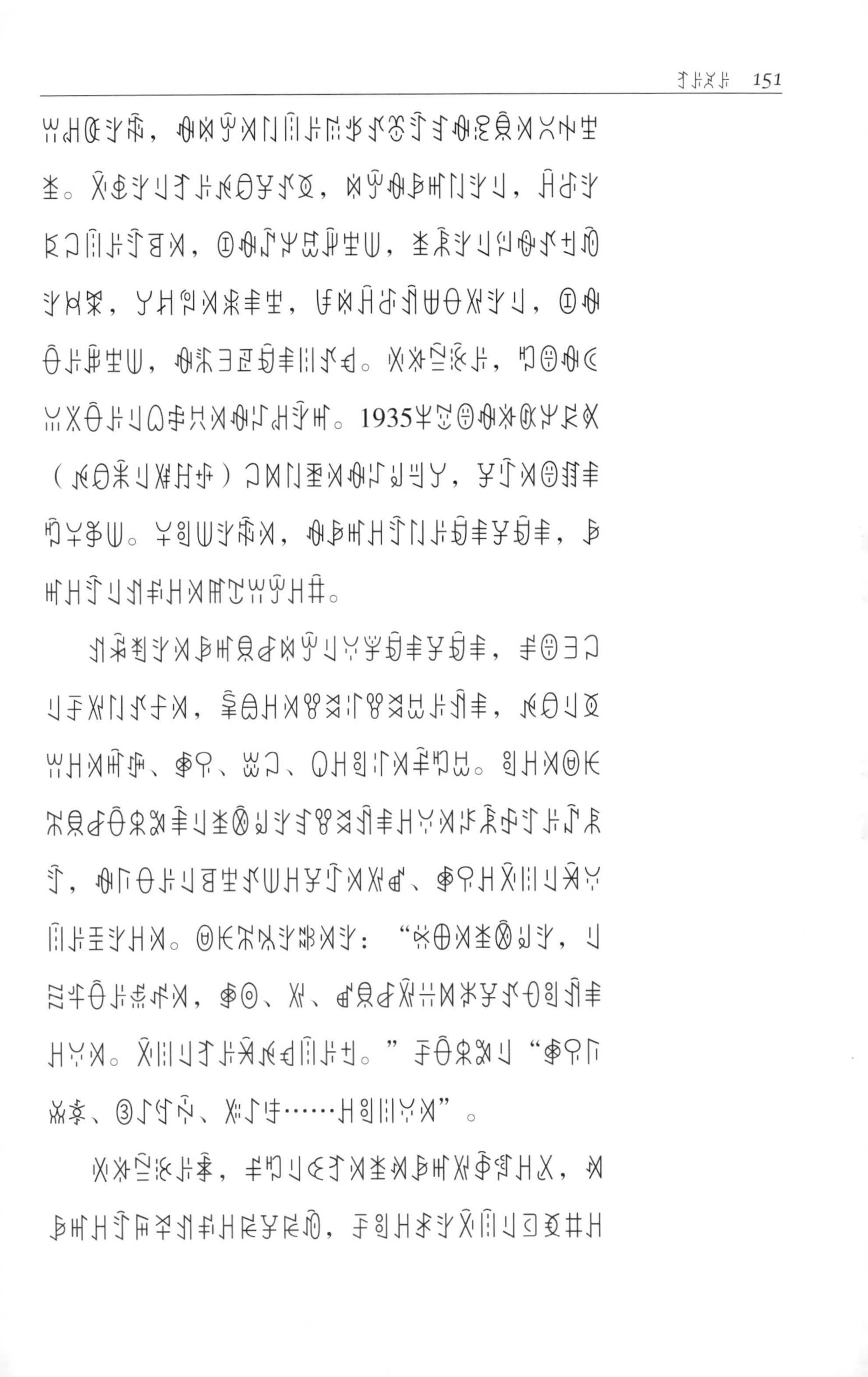

1935

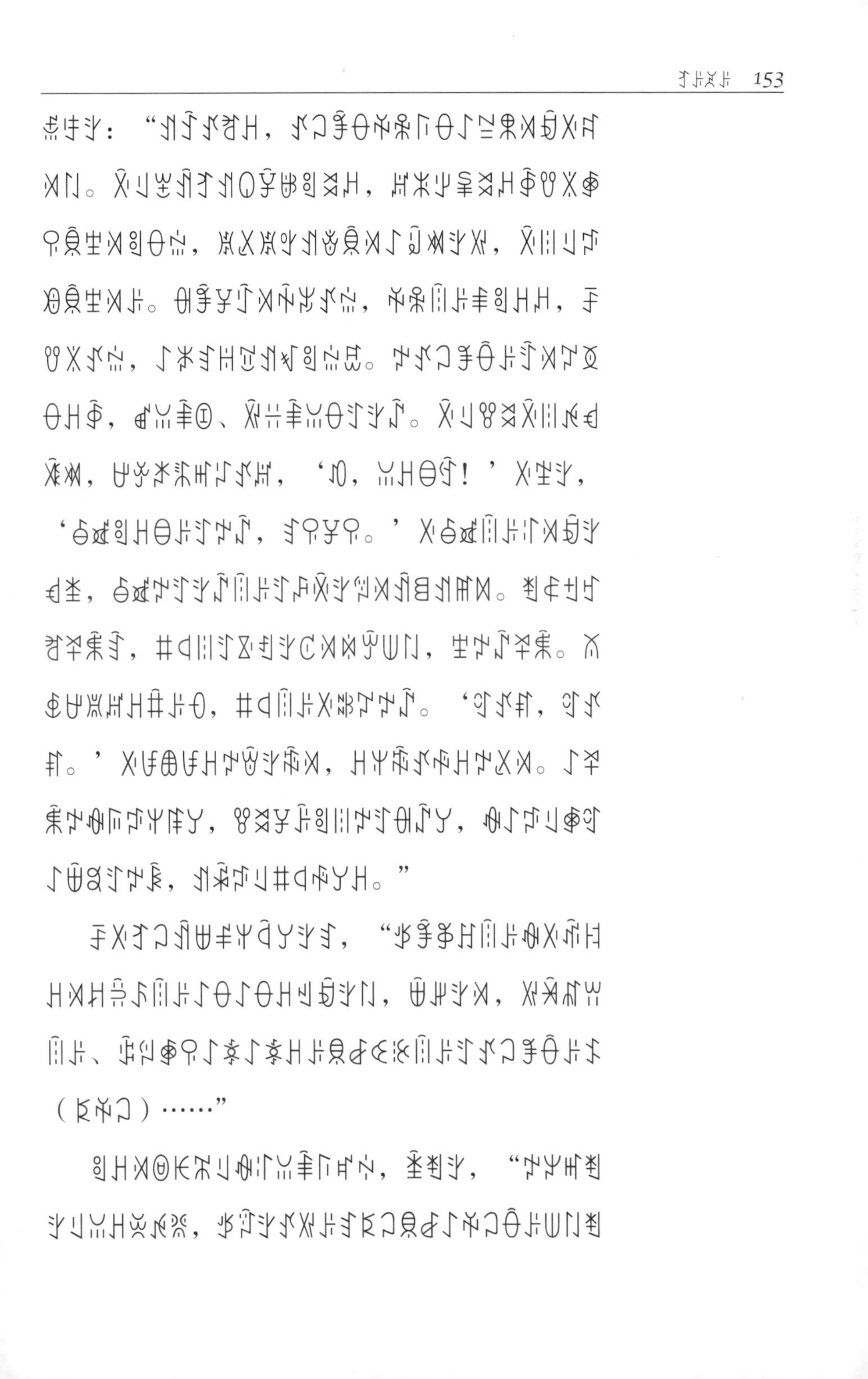

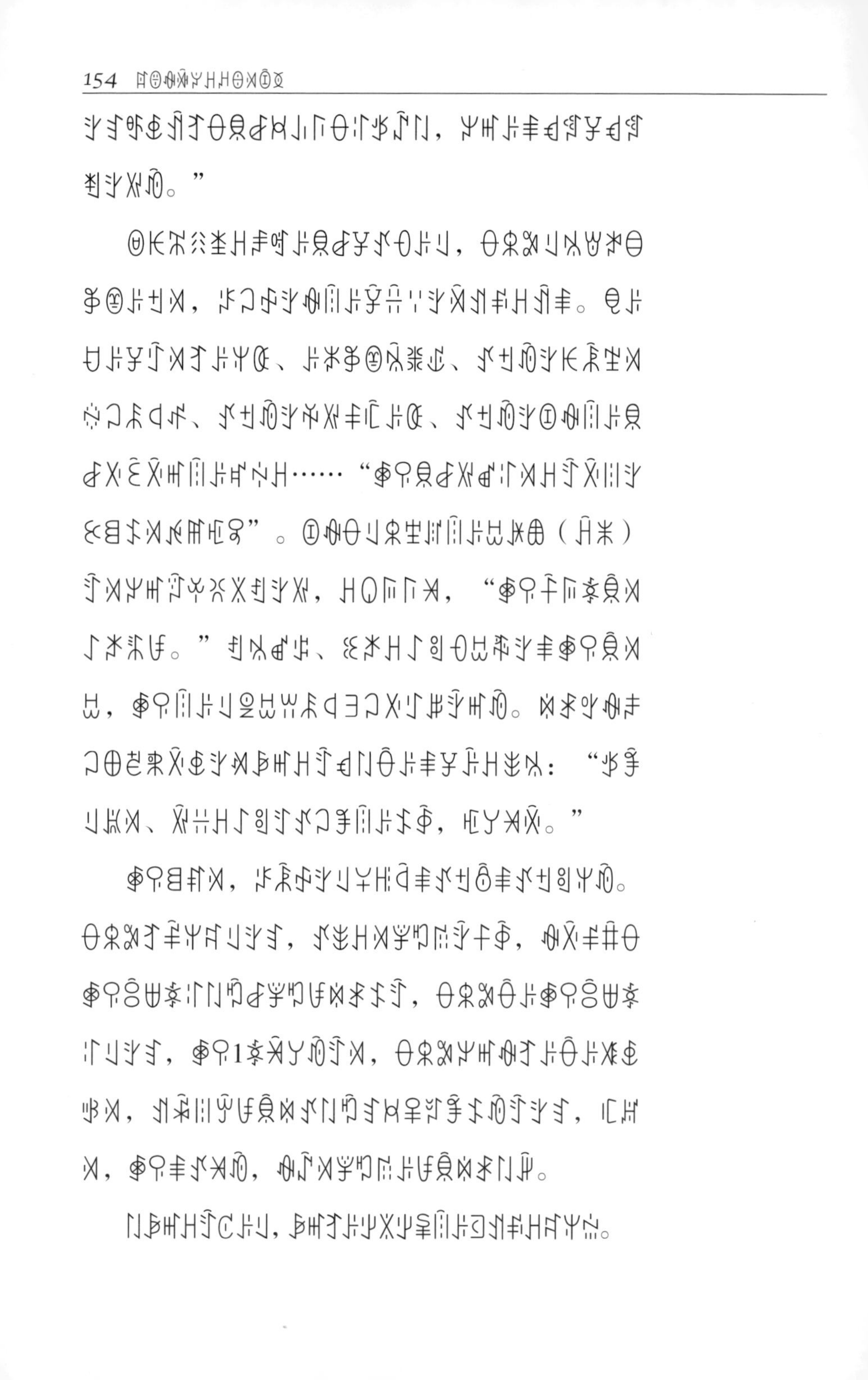

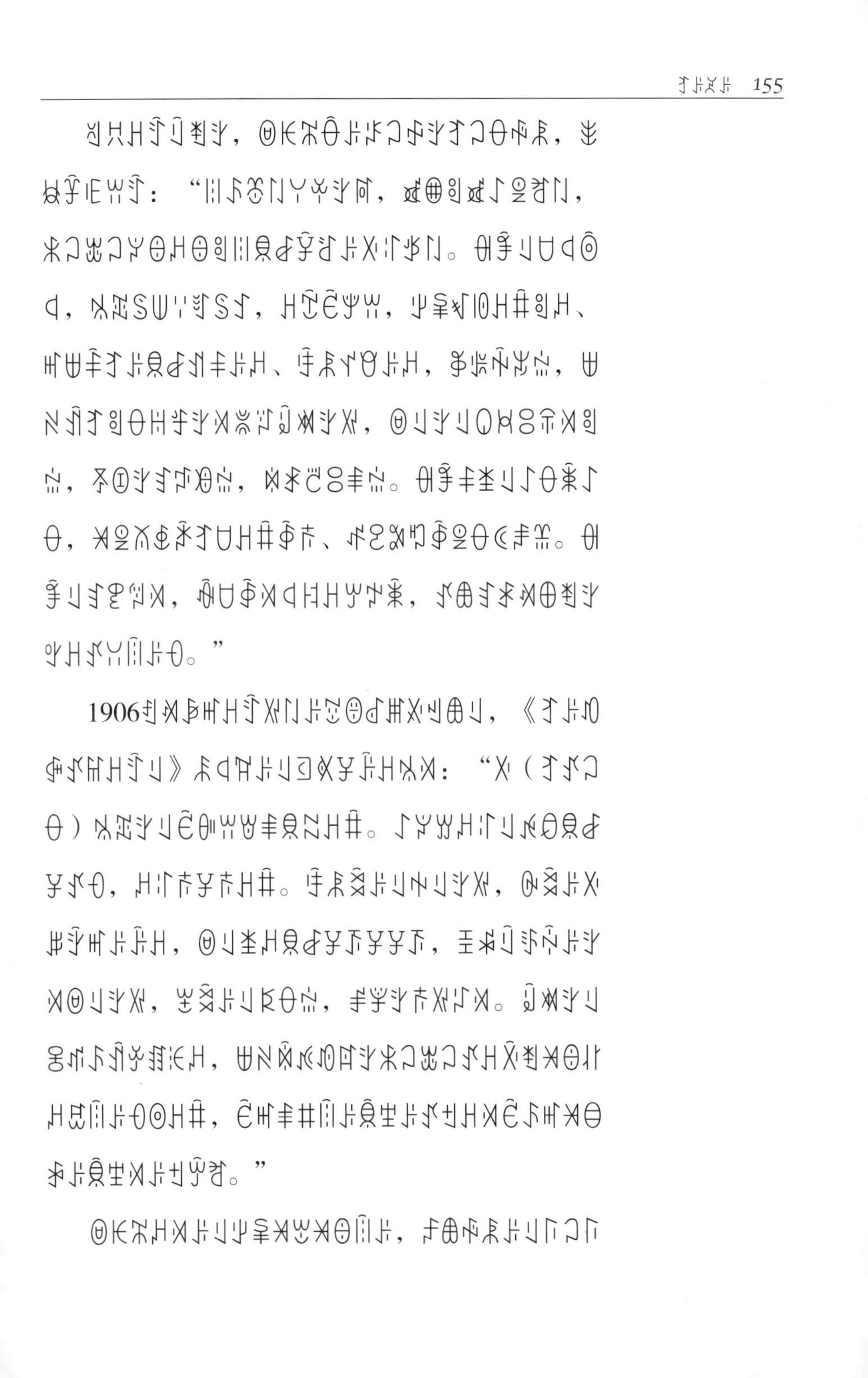

1906年

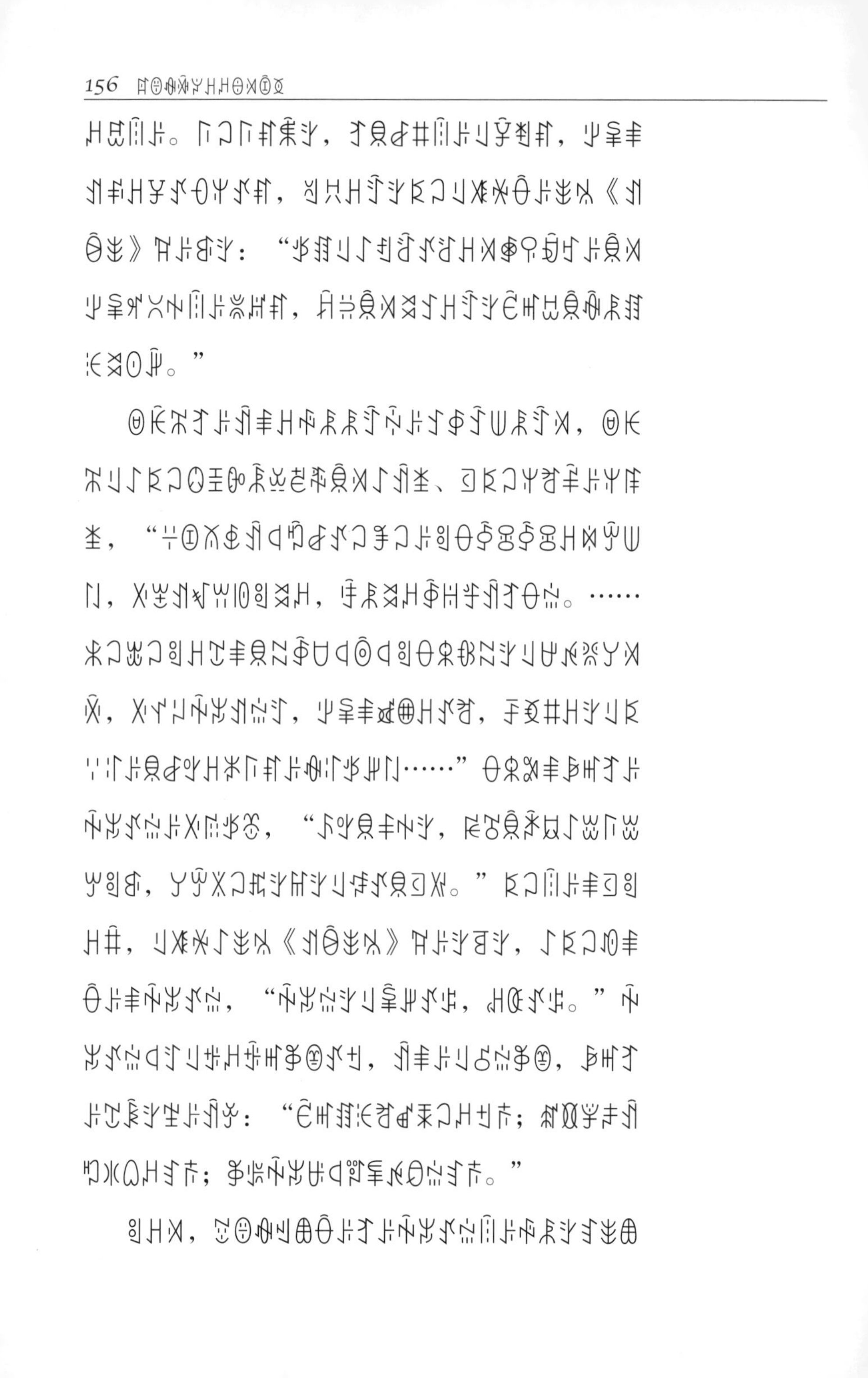

ꉆ 20 30ꄠꈐ꒰ꉂꌨ꒰ꃅ꒿ꇙꈷꈎꈐꃄꃅ。

ꃅꀕꉐ："（ꄻꀀ）ꎭꈷꉆꎭꃀꋊꊏ꒰ꄚꎭꉐꐚꑞꇬ꒰ꀕ，ꎭꈐꉈꃅꅍꆀꑴꑟꃅꇬ，ꉐꊨꈷꄻꏦꁱꂷꎭꄻꁱꁧꅉꈷꈎ。ꎭꈷꈐꑬꎭꋊꊧꆪꈷꋊꌠ。"ꏮꀕꄻꑵ15ꄟꉐꐛ、ꎭꍣꈨꋊꋧꉐꀕꋊꇬ，ꂷ꒰ꋊꇐꅉꇬꈐꑌꋊꎭꈐꑟ。ꎭꋊꎭꃀꇬꑌꑴꇬꑌꇿꅈ。

　　ꄻꊨꈷꁱꐭꎭꋊꏦꇬꅉꑬꈷꄻꊐꋊꐛꄿꇬꈐꃼ，ꂷꉐꐚꃅ꒿ꎭ："ꋊꈷꈐꆏꎭꎭꉈꃅꈑꎭꄻꑠꁵꃅꈷꈐꇬ，ꈷꏦꋊꋧꀈꄿꃅꉐ。ꉐꊨꎭꏦꃅꎭꅉ，ꌠꉐꊨꄿꉐꋊ。ꈷꄿꋊꇐꆪꊐꄻꆪꇐ，ꉐꐚꃅ꒿ꎭꋊꏦꇬꅉꑬꈷꄻꑠ

ꒉꇗꑟꀕꑳꂷ, ꀨꂵꋌꌦꐮꇭꁌꂷꑌꋍꆙꐰꉈꀨꈳꂷꁨ, ꆘꅺꌳꈐꋚꈤꑟꂷ, ꆂꀨꇬꁴꑘꂴꐰꇬꀕꋋꑟꄻꆈꍓꐰ, ꒓ꇗꈬꐮꅺꐚꌦ, ꑆꄤꂷꃅꉜꃔ。ꀎꐀꐼꊰꐥꆈꇬꁮꑌꀕꂻ, ꑠꆘ ꁬꂶꑌꄱꐰꆈꆚꆚ。

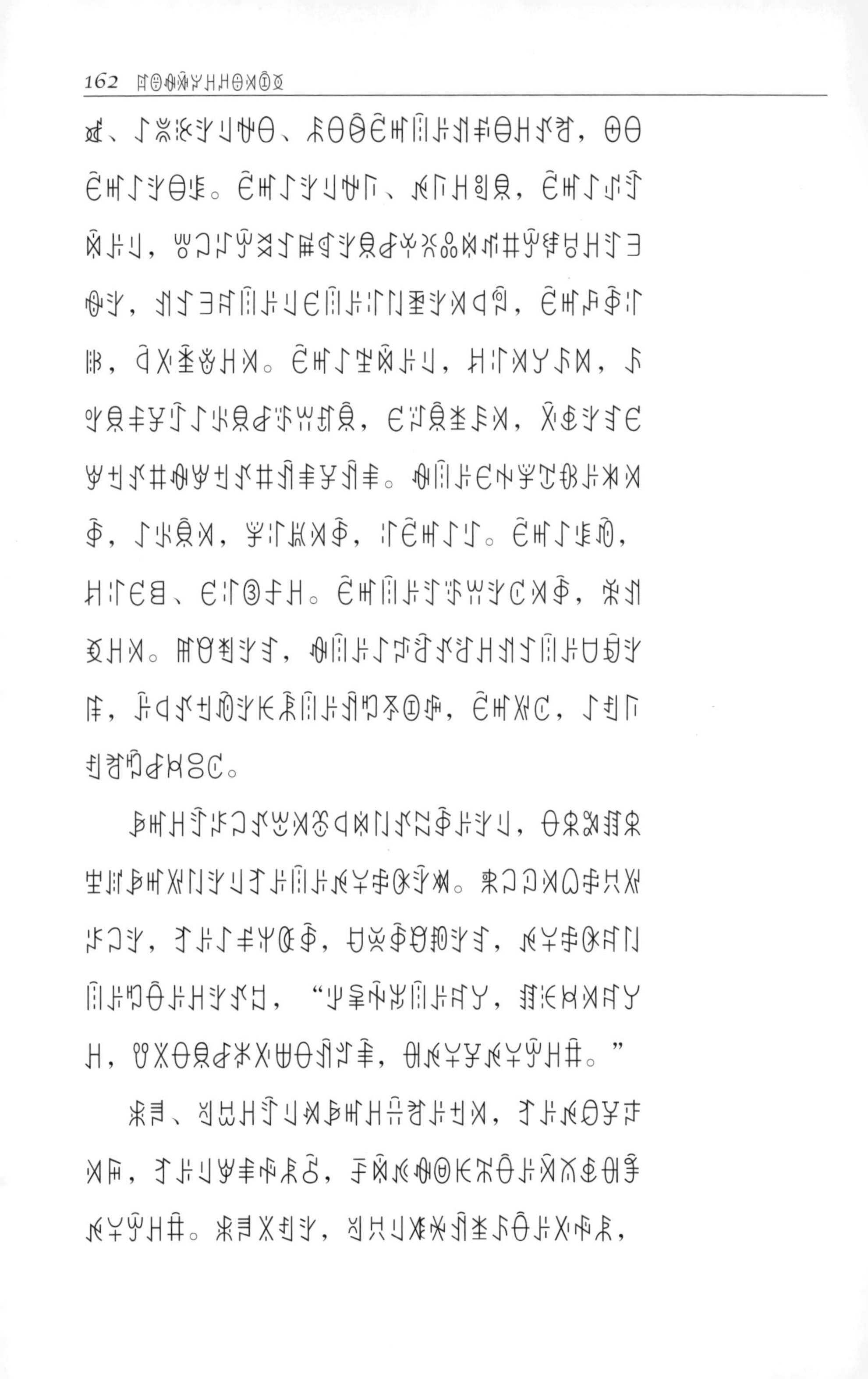

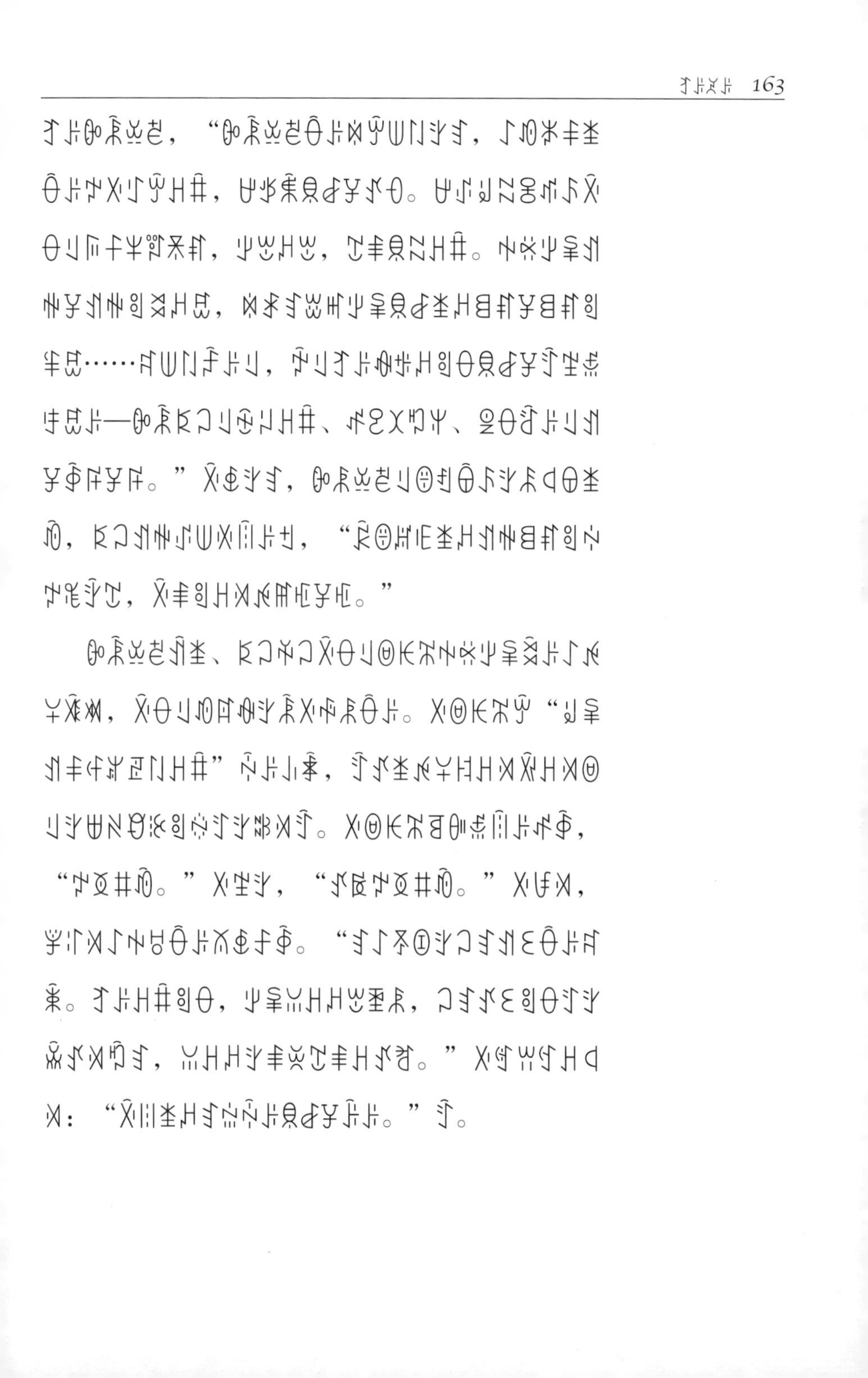

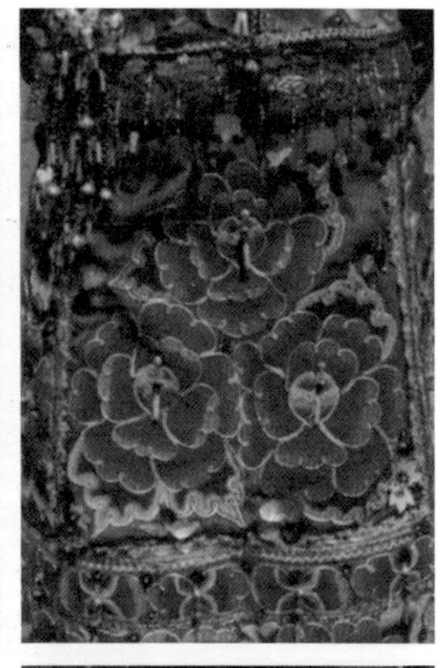

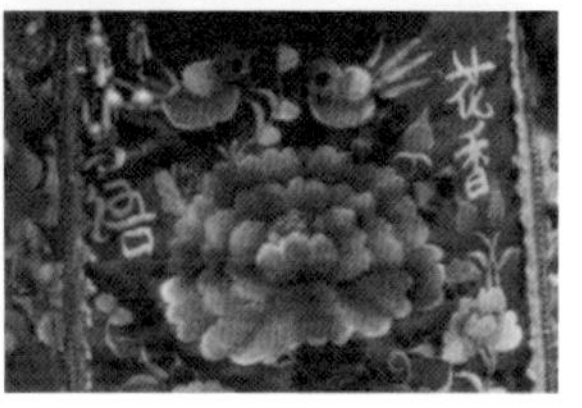

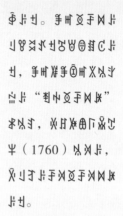

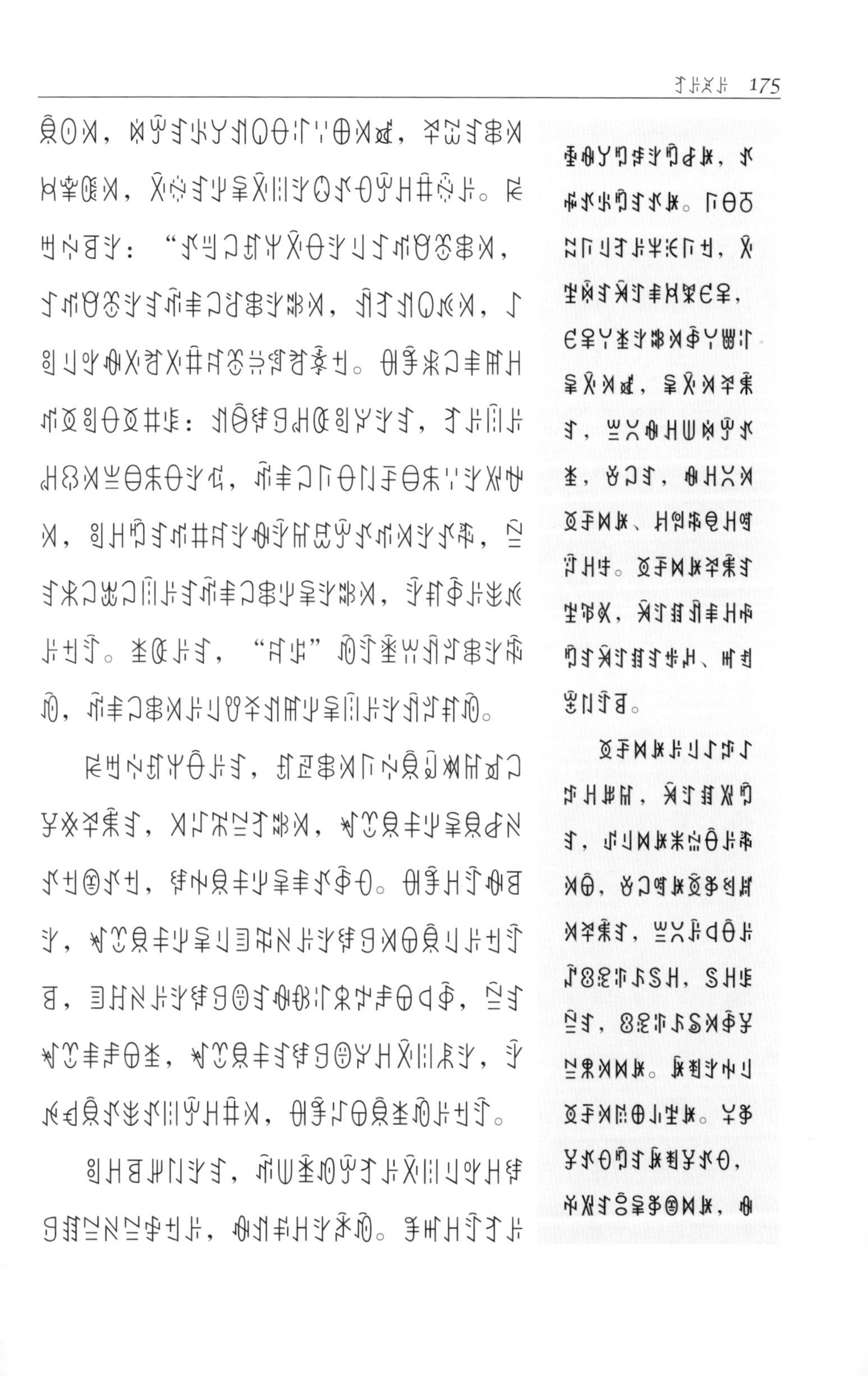

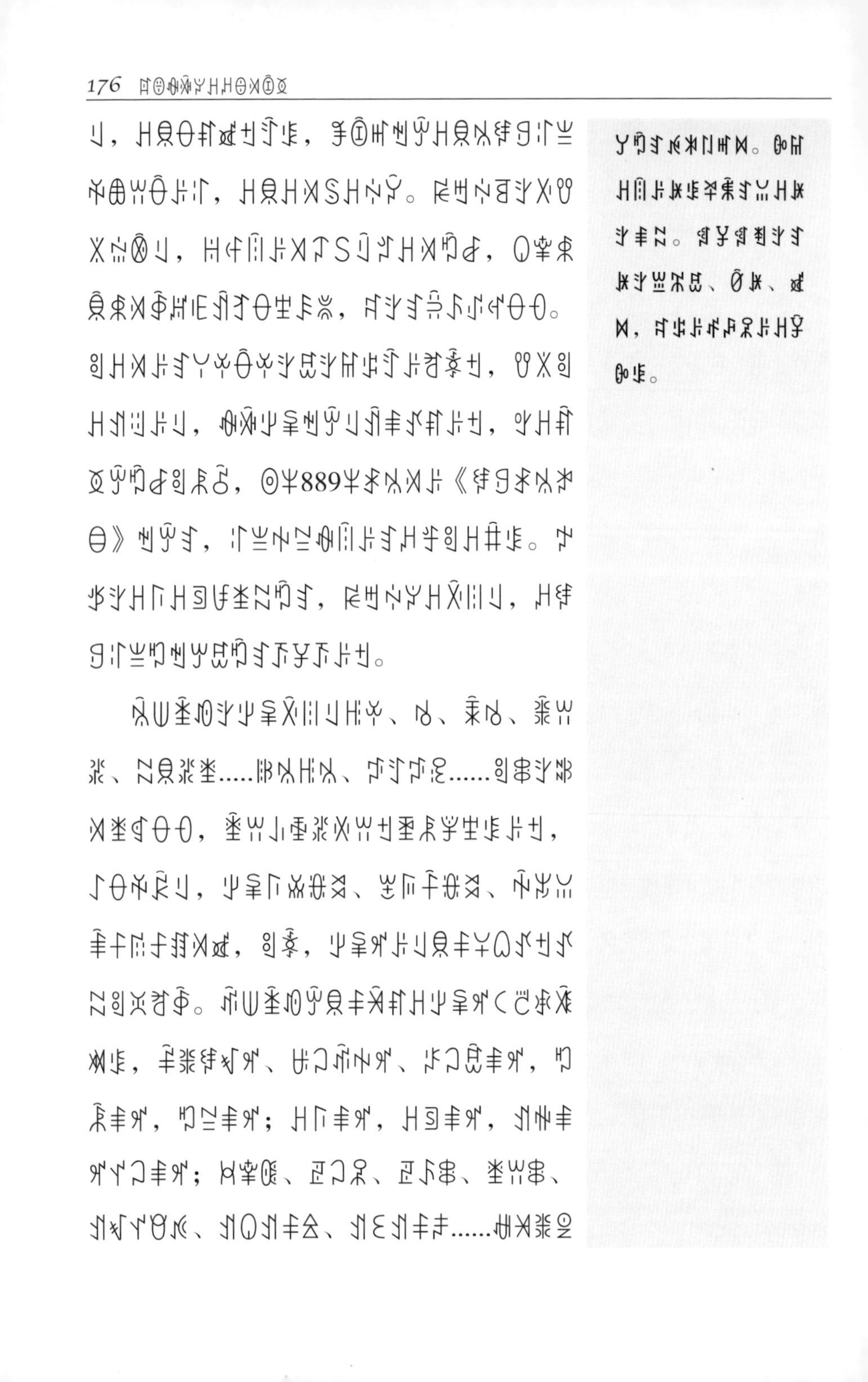

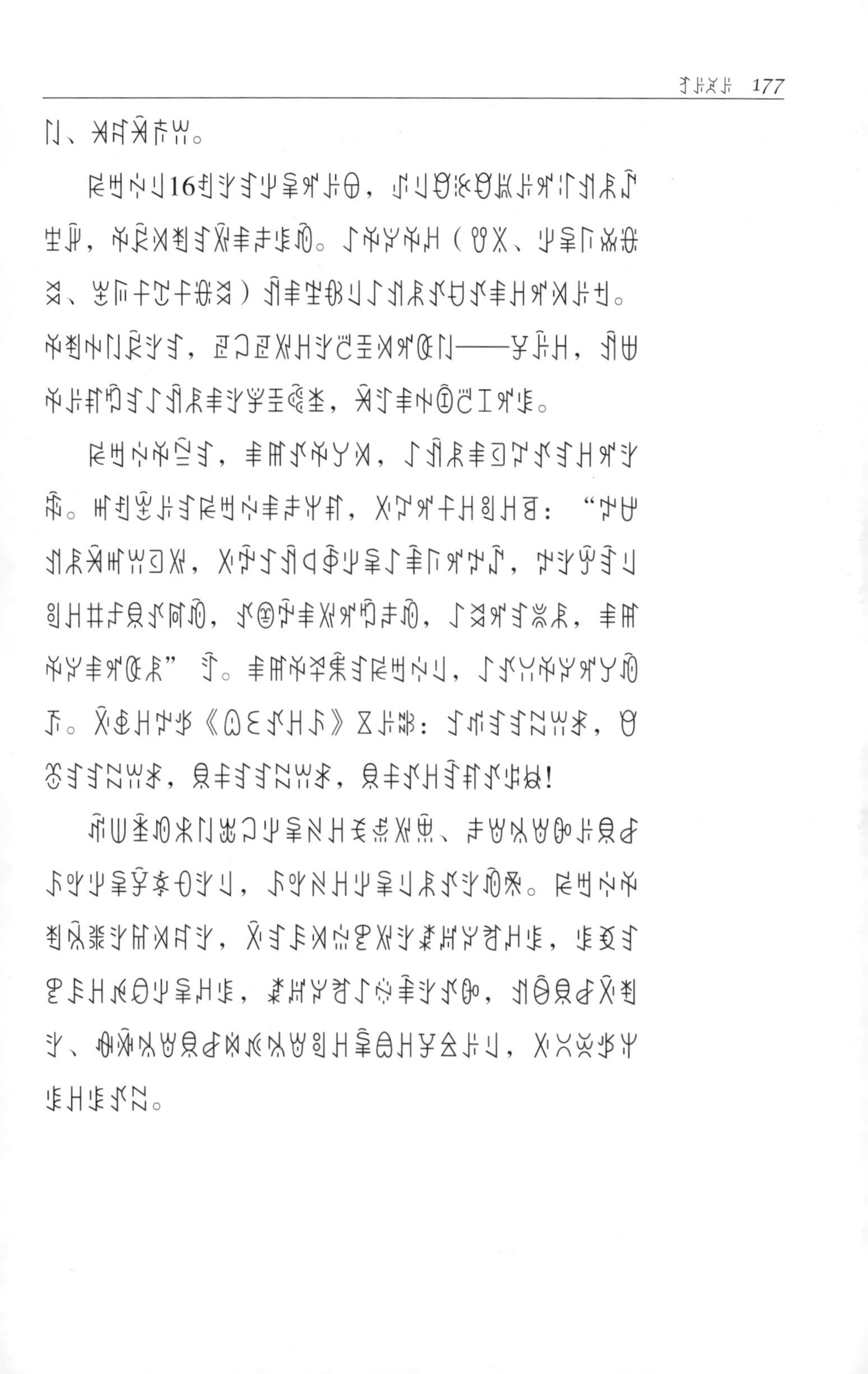

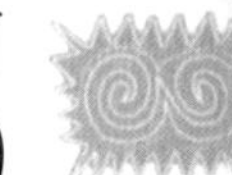

ᒡᑯᒣᐤᑆᒉᒣᐤᑳᑲᐤᑫᑗᑕ，
ᐤᑕᑕᑯᑕᑕᑯᒉᑦ᠎ᑦᐤᑅᑲᑎᐤᑐ。

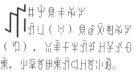

ꑘꆈꃅꎔꇬꂾꇬꃅꈬ，ꀕꊨꈌꋅꑙꉻꏦꈋꃢ，ꎆꆈꉻꏦꆈꃅꈬꆈꑕꅉ，ꌧꆀꈌꀕꆈꑙꑘ，ꀕꋅꑙꉻꆈꇬꈌ，ꆀꈬꈌ，ꀕꆈꋅꃅꈬꉻꎔꈋ，ꀕꈌꋅꆈꋅꏦꈬ。ꇖꈬ，ꀕꆀꇬꋅꋅꆈꏦꃢꈌꑘ，ꇖꈬꎔꃢ。

③白族民居。

④白族民间纺织。手工织布在白族地区广为流传，白族姑娘从小就会织布。

60

ꀕ ꂷꇂꇬꆈꌠꊭꅉꑭꃅꊂꐚꄿꆏꁬꅩꀕ，ꀠꇆꇬꑌꉆ、
ꊿꃶꐨꀀ。

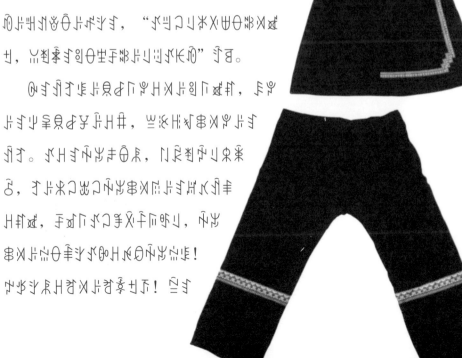

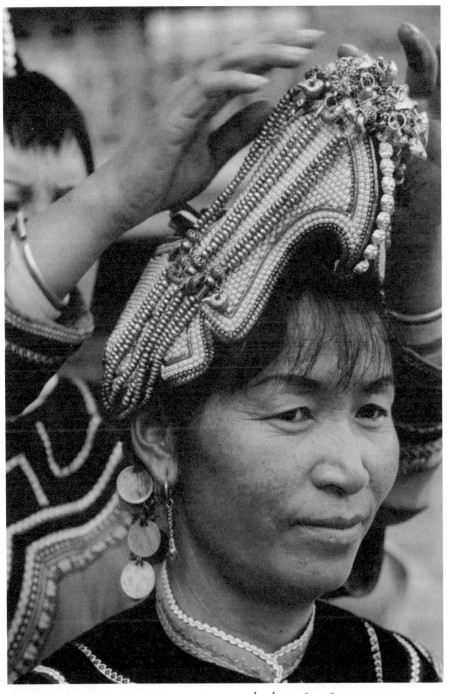

ꑌꋍꆫꀋꁯꐞꇁꐊꌠ，ꋋꄀꆹꌋꃀꉻꌦꃰꌠꁱ
ꃅ，ꁱꇐꏦꂿꃢꄚꏦꆿꆹꐥꌠ。

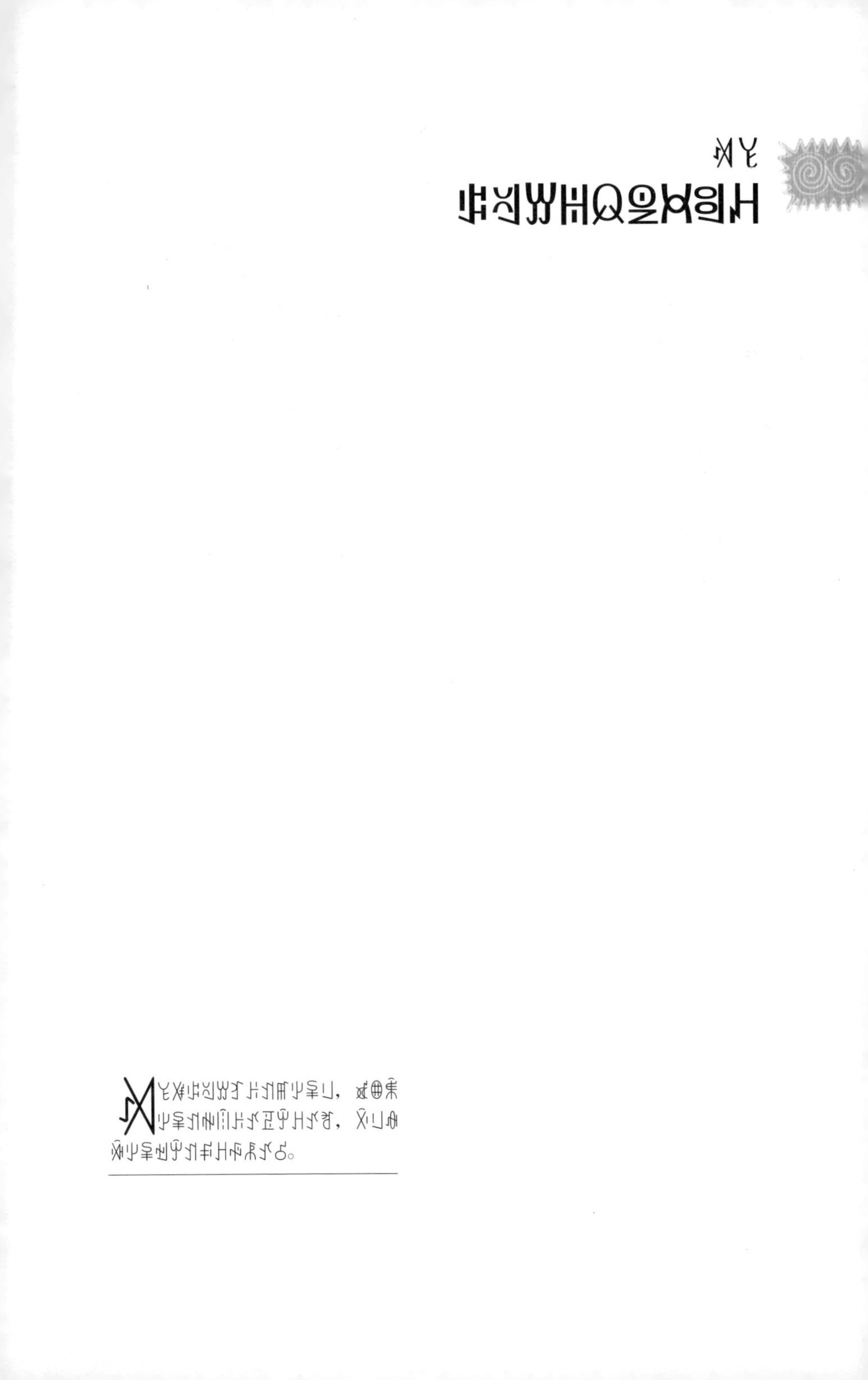

ꀕꑸꈬꋊꎭꋚꋆꑌꀨꑴꎭꇬꋊꌧꅍꁧꇬꁧ、ꌦꂷꃆꉪꀨꑋꇬ，ꃅꑍꅉꇬꄮꉘꄮꇐ，ꌦꊿꄷꑌ，ꈷꇐꑸꉜꑍ，ꇰꃴꑍꄯꆈꌠꏂꑸꁨꄮꑆꌹꇬꈩꒉꋚꇬꁧꇬ，ꊿꁧꇱꋚꁷꇬꈷꇐꑸꋀꄮ、ꄈꇬ、ꄹꆈ、ꐛꑌ、ꄹꂄꀻꏤꑭꌶꄡꎂꑌꑍꎸ，ꇱꈹꃅꊪꉹꁧꒌꑌ，ꑌꃅꑍꋊꂷꋋꎸꂓꎭꁨꌠꁨꇬ，ꀕꑸꄉꄻꋋꄮꑌꈜꁨꑸꂓꂶꑭꂷꌠꈨꃅꃰꌠ。

ꀋ，ꌋꑴꑟꏜꉈꉈꌠ。ꃅꂿꀀꀨ，ꑭ
ꇌꉻꊂꁨꑼꊇꂵꉼꊉꆏꑙ，ꊿꊏꐂꀉ
ꂾ、ꊭꃀ、ꄉꑌꐎꀨꉺꐚꈚꐊꌌꀉꄮ
ꊿꋺꌠ，ꅩꑭꃺꈎꃅꑟꃅ，ꋋꑸꆹꆇ
ꏂ，ꑓꋌꁧꈜꑸꑭꑋꐚꐞꑌ。

ꃅꂿꑟꌐꉻꊏ、ꋍꑟꉌꄣꏜꊏꆺꌠꃅ
ꀕꍲꁨꑴꑭꎳꉼꐪꉖꈈꑙꌠ、ꀀꑙꑟꆠꈀ
ꄷꑓꑌꑟꂾꁷꌠ，ꄉꀋꇰꀋꅉꑌꑋꐎꃅ
ꈭꑌ，ꀊꑭꋋꈀꋍꇐꐂꌠ，ꃅꂿꑌꀊ
ꊿꑌꀀꑙꑟꑋꆹꑟꀨꂷꀋꅉꏜ。ꀊꑋꇐꏅꃅ
ꀉꄮꑓꌐꑼ，ꄉꂾꀉꑙꑟꄷꀋꑟꃅ，ꀉꋋꃹꀤꑼ
ꐚꏤ，ꄉꑝꀮꉌꑠꂷꄟꏬꀨ，ꋌꄉꀀꑙ
ꐚꑈꑟꃅꀀꑙꑵꃵꈀ，ꅩꄉꀀꑙ
ꑓꈎꈚꐯꁰꋬꄉꉘꄺꀀꏜꈁꑭ，ꅩ
ꀘꅋꑓꂾꀨꑼꌠ。

ꎷꈜꋔꃚꀤꑿꈁꑭꑿꑵꌶꊏ，
ꊮꈅꑭꑳꈎꉪꑸꈚꀨꇬꐂꁰꍯꁧ
ꑳꊿ，ꐨꄷꇬꀀꋌꑭꎳꑭꃅꈚ
ꑭ "ꑸꐚ" ꃷ� ꄉꑭꇬꑓꐰ，ꐨ
ꇀꇌꇀꋬꐯꄺꁤꑭꀀꀨꃵꈁ

刺绣对天气、光线要求很高，尽量在白天光线好的时候刺绣。

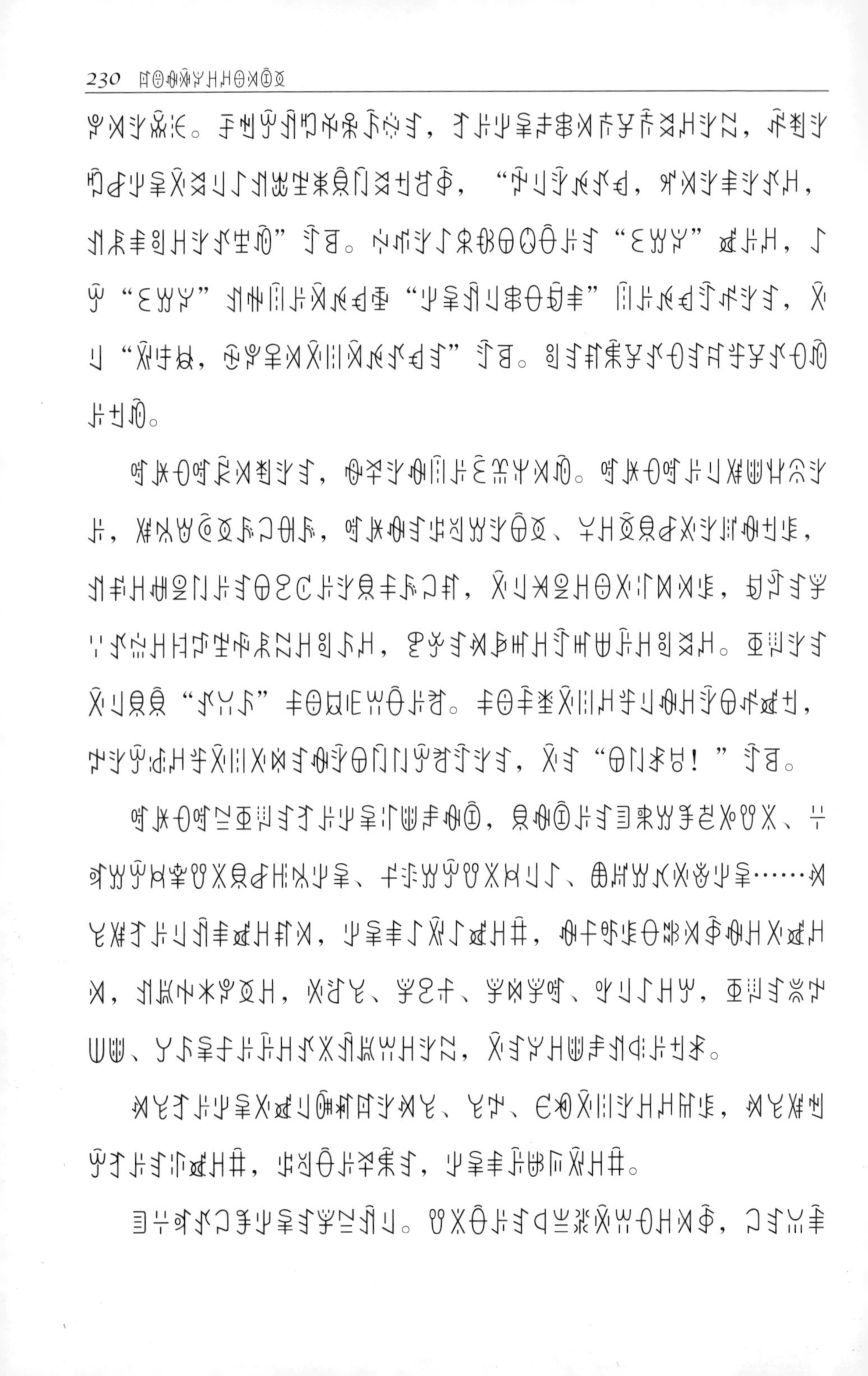

未婚的青年妇女服饰，以未婚第6号和已婚第9号为代表，未婚青年服饰较为艳丽。
中间为儿童服饰。

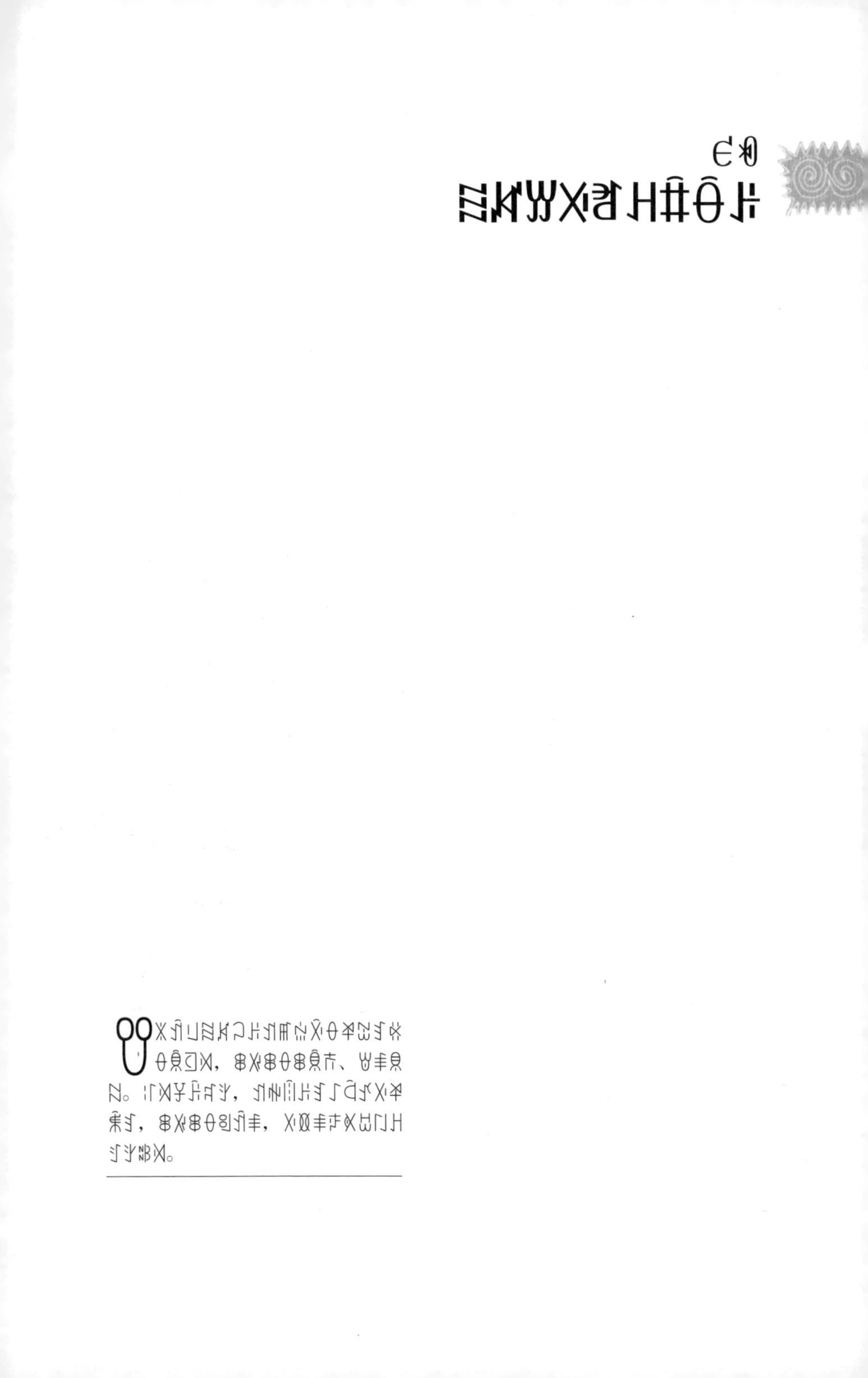

720

1975

ꀕꀕꀕꊫꄷꆈꌠꏸꃀꄜꉪꄸꆈꃀꆈꇢꅇ，ꐚꂷꃀꑴꁱ，ꎆꑟꄸꈐꑳꄿꀕꀂꌟꁱꅇꁱꆈꃀ，ꈬꉐꆈꄷꏅꊿꄜꃅ、ꏅꅿ、ꅉꃀ、ꏢꌺꄜꐚꄉꑼꆈꂵ。ꃀꉐꑽꃅꌠꃶꋠꅿꏣꄙꈬꅉꌺꅉꇮꁱꏽꐛꋏꄸꆈꃀꌠꄜ。ꊿꉐꃅꎭꋠꄜꁱꃅ，ꐀꄉꉐꃶꆈꁨꀉꑼ。ꏽꈐꁨꄉꃅꄷꈜꌠꉐ，ꌦꆈꅯꈎꇢꀋꀘꄸꆈ。ꃀꉐꑽꆷꊫꆈꂵ、ꏲꀕꑼꋏꐛꌠꎆꆱꇢꄉꄔꀕꏯꃅꂚꈬꄜꀋꌐ�、ꃷꏂꆈꏸꃀ、ꄮꈙꎓꎔꏂ、ꑟꄷꂘꌃꃤꈐꏣꁱ。

1992年—1995年

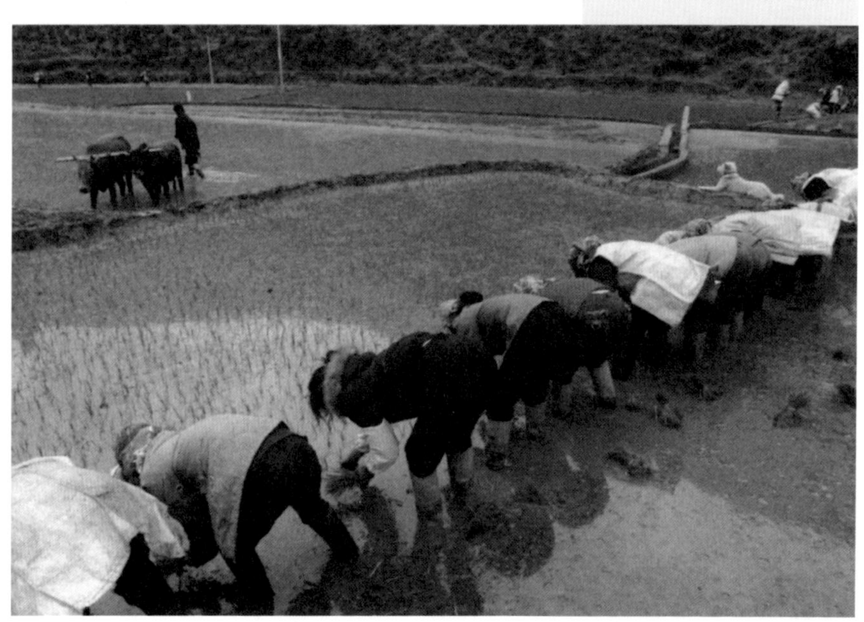

ꑽꆈꌠꃅꑭꊋꆈꅉ，ꀨꑽꅳꆈꅉꊂ
ꑽꆈꑼꃅꅉ。

ꄿ T ꈨꑌꋧꑭꀘꄜꀋꑭ，ꀨꑽꀘꀆꃅꌠꆈꃀꄤ，ꋧꑭꊋꀆꌺ
ꌠꉬ，ꑽꆈꃅꌠꄤ67ꌺꏂꈬꃅꌺꅑꁮꑼꇐ。ꈪꆈꏸꁆꃅꌠ，
ꄿꆹꑢꇬꆈ，ꄷꑼꈴꅑ，ꀨꑽꆈꅉ，ꆈꆹꋧꑭꆈꅉ。ꊰꈬꑼꆈ
ꄿꈤꑭꌺꂷꑌꑼꃅꉬ，ꀆꅉꆹ，ꋧꏂꁆꅐꉙꀘꊰꌠꐰ，ꆈꃅꆹ
ꅉ，ꄿꁧꃷꁼꈓꅑꇬꈲꄤ，ꊂꆈꏾꁨꇭꅑꊂ，ꑼꄬꁆꅐꁵꃅꏾꉙ

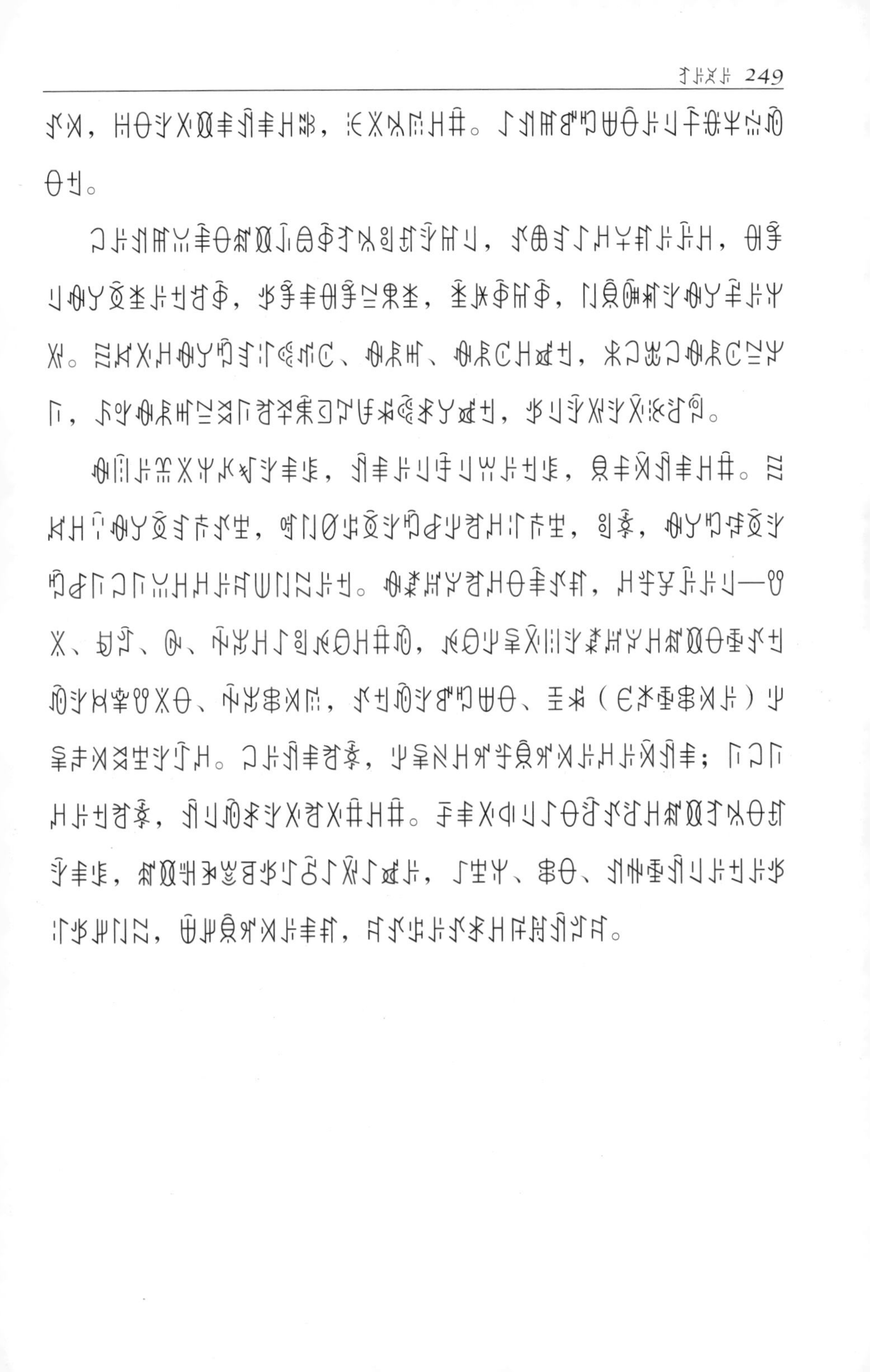

ꁌꊫꑭꉈꀕꌠ꒜ꀕꑍꇬꅉꌦꇬꑌꀐꌧꑭ，ꂶꇬꃀꐯꋌꐥꇬꆈꌠ꒜ꌅ：ꌠꑭ、
ꑌꂷꃆ，ꁁꑸꌦꃀ，ꁌꀕꁆꃀꃅꈨꄷꇬꃆꃅꅉꅉꈀꐯꇬꐥ。

图书在版编目（CIP）数据

中国民族服饰博物馆.彝族卷：彝文 / 邓平模编；乌尼打铁，
余晓谦译. -- 成都：四川美术出版社，2024. 7. -- ISBN 978-7-
5740-1215-8

Ⅰ. TS941.742.8

中国国家版本馆CIP数据核字第2024AW0617号

中国民族服饰博物馆 彝族卷 （彝文）
ZHONGGUO MINZU FUSHI BOWUGUAN YIZU JUAN

邓平模◎编　　乌尼打铁　余晓谦◎译

特邀编辑	孙伍呷
责任编辑	董晏薇　丹曾央吉　邓巴腊姆
责任校对	陈　玲
责任印制	黎　伟
出版发行	四川美术出版社
	（成都市锦江区工业园区三色路238号 邮编：610023）
制　作	成都华桐美术设计有限公司
印　刷	成都市东辰印艺科技有限公司
成品尺寸	143mm×208mm
印　张	8
字　数	168千
图幅数	209幅
版　次	2024年7月第1版
印　次	2024年7月第1次印刷
书　号	ISBN 978-7-5740-1215-8
定　价	48.00元